もっとディープに！

カラス学

A journey to the in-depth world of KARASU-GAKU

体と心の不思議にせまる

杉田昭栄

宇都宮大学名誉教授

緑書房

第1章　カラスの嘴《くちばし》

口絵

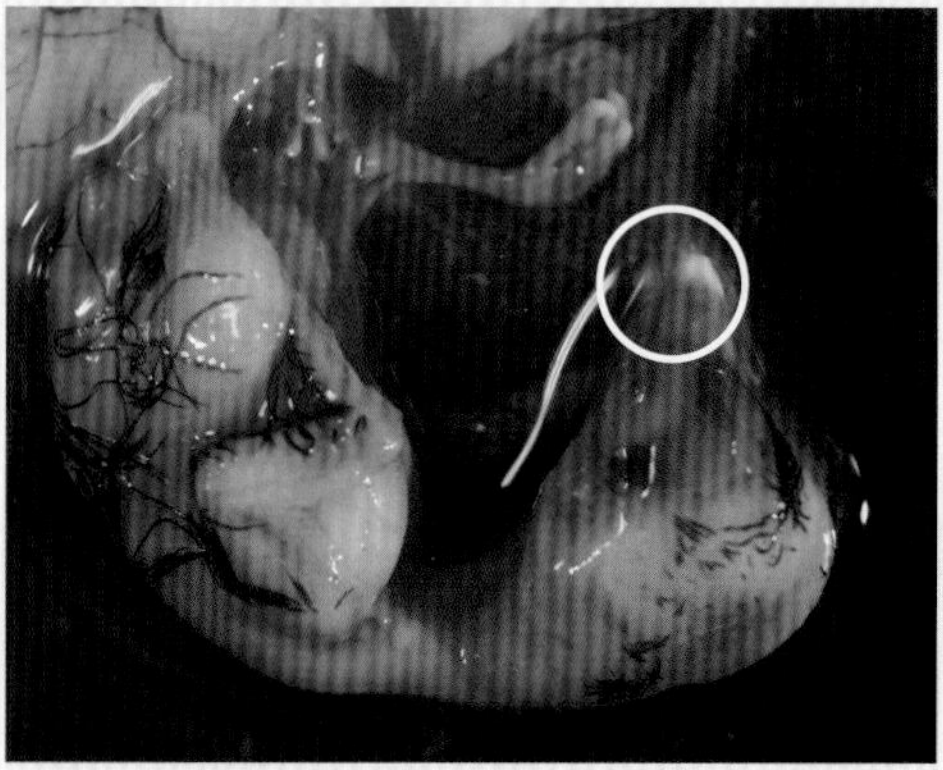

口絵1－1．孵化前のカラスの胚

上嘴の先端に白い卵歯が見える（○）。

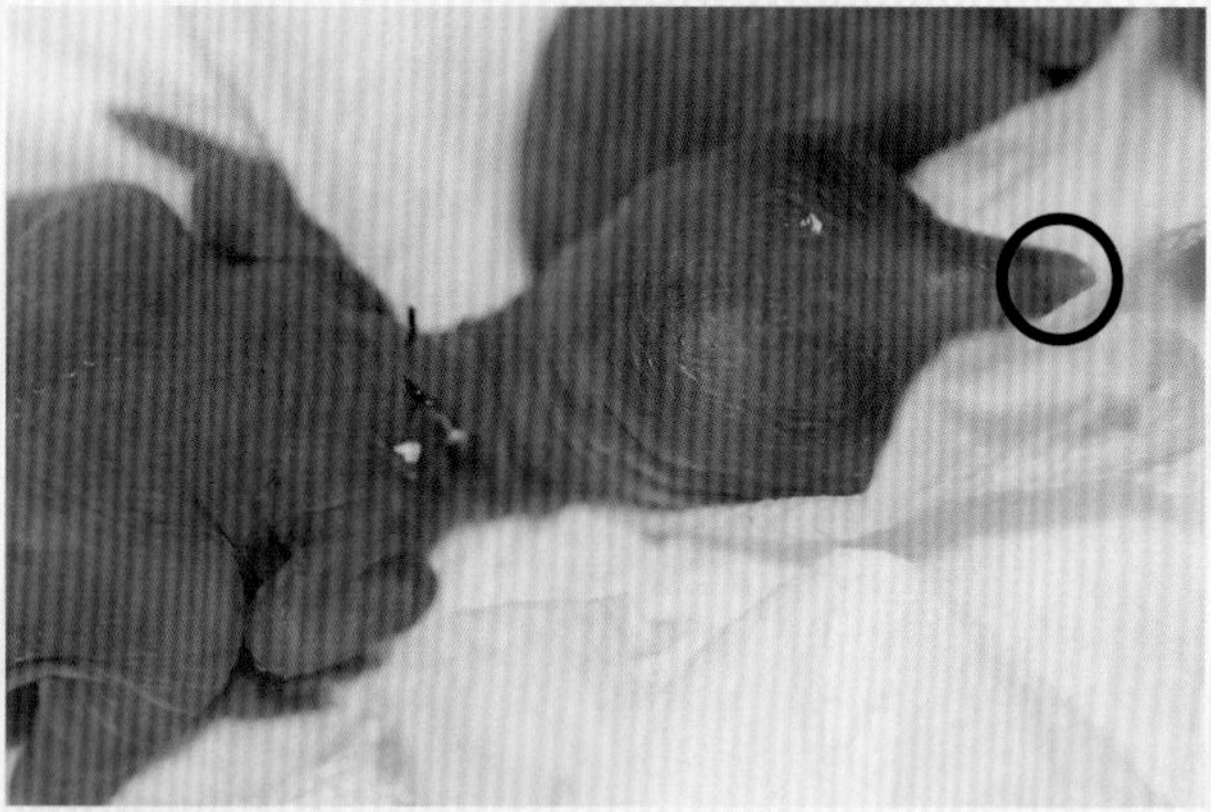

口絵1－2．

孵化後間もないヒナの嘴先端に見られる卵歯の痕跡と思われる突起（○）

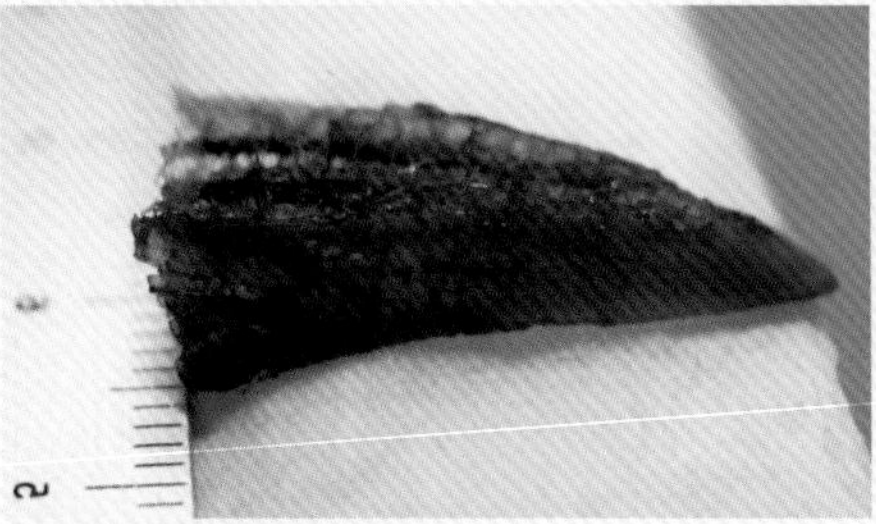

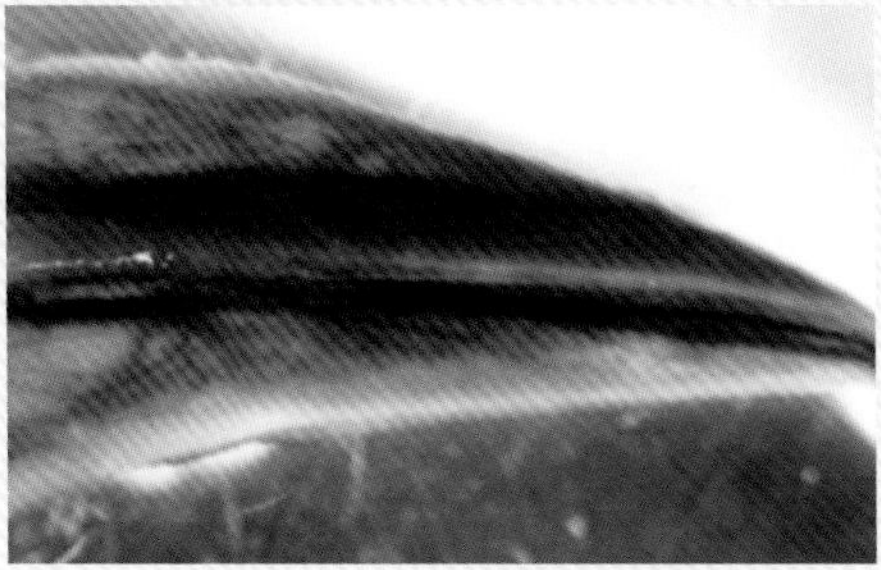

口絵１－３.
嘴に張りめぐる神経

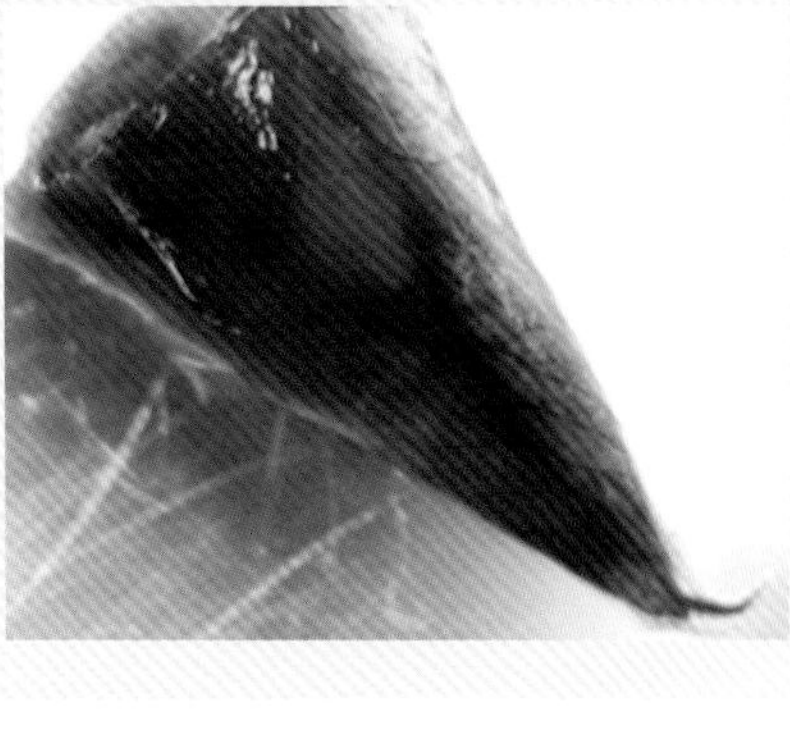

口絵１－４.
先端に向かって伸びる感覚神経と思われる下顎神経分枝
（画像提供：林美紗）

口絵 1 − 5. 咬む力の計測

左：圧力測定フィルムに咬みつくハシボソガラス、右：変色した圧力測定フィルムと解析結果。

第 2 章　カラスの視覚

口絵 2 − 1. 紫外線の照射によりカラスの網膜に発現する cfos

左から：光なし、紫外線、普通の光。矢印の層が紫外線に反応して cfos を発現している。

第 3 章　カラスの味覚

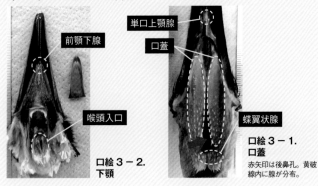

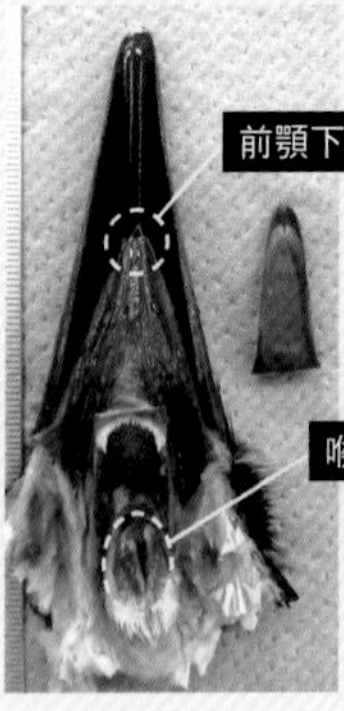

口絵 3 − 2. 下顎

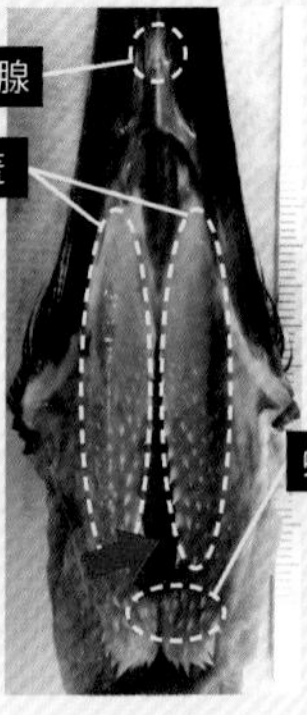

口絵 3 − 1. 口蓋

赤矢印は後鼻孔。黄破線内に腺が分布。

第４章　カラスの嘴毛《しもう》の感覚

	短い嘴毛	中間的な長さの嘴毛	長い嘴毛
羽軸の長さ（mm）	～9.9 ●	10.0～15.0 ●	15.1～ ●

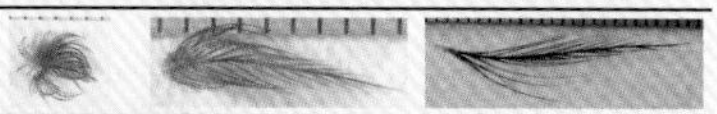

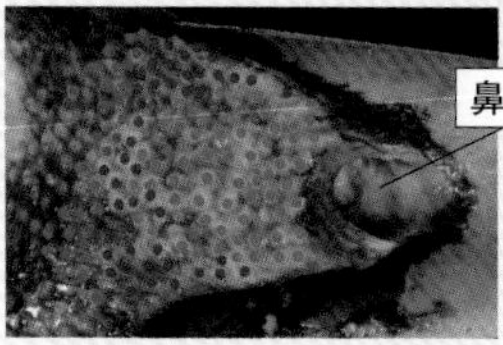

口絵４－１．嘴毛
３種類の毛で構成されている。３色のドットはそれぞれの嘴毛が生えていた位置を示す。

第５章　カラスの嗅覚

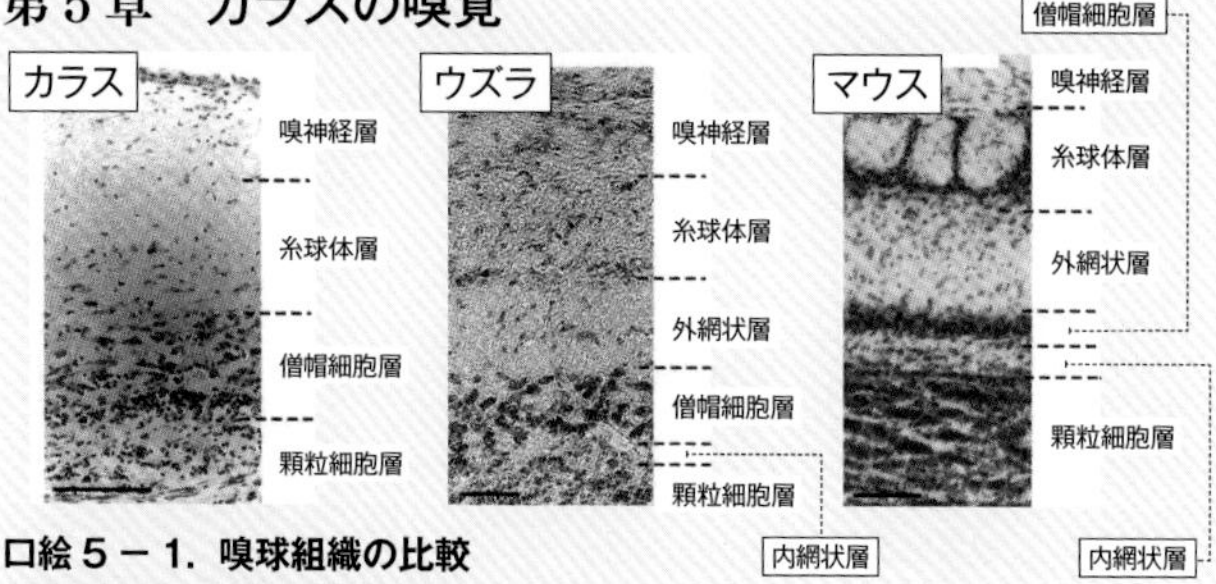

口絵５－１．嗅球組織の比較
（画像提供：日本獣医生命科学大学 横須賀誠教授）

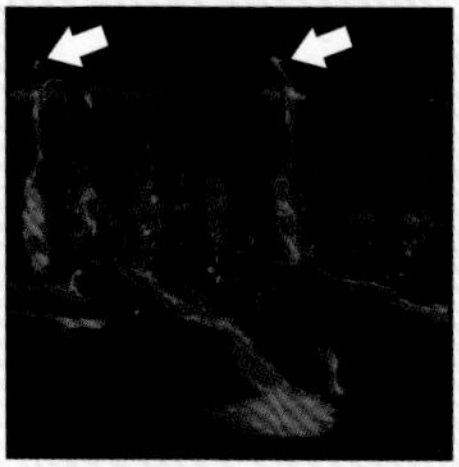

口絵５－２．嗅上皮嗅細胞
矢印は嗅球へと続く軸索の一部。
（画像提供：日本獣医生命科学大学 横須賀誠教授）

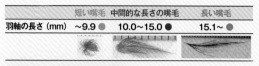

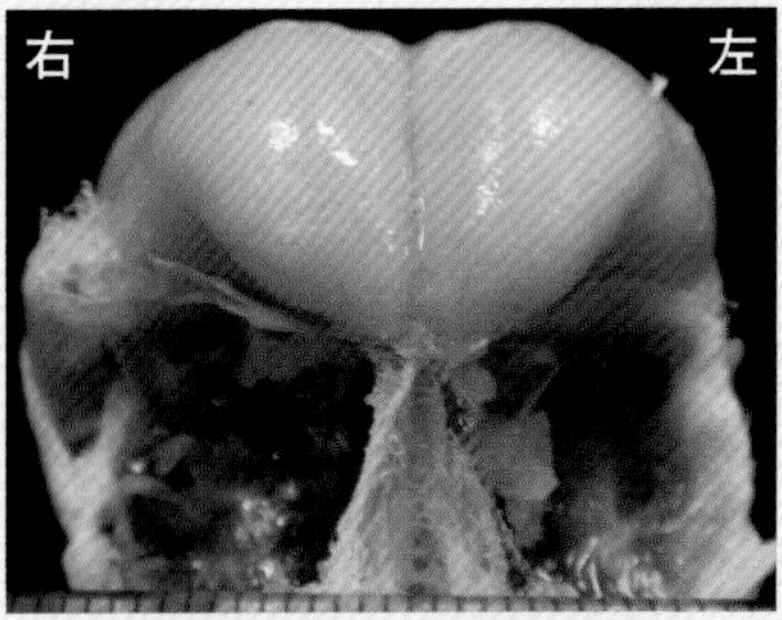

口絵５－３.
神経標識された嗅神経
（赤い線）
粘膜から嗅球へと続く。
（画像提供：日本獣医生命科学大学
横須賀誠教授）

第７章　カラスの高次脳機能

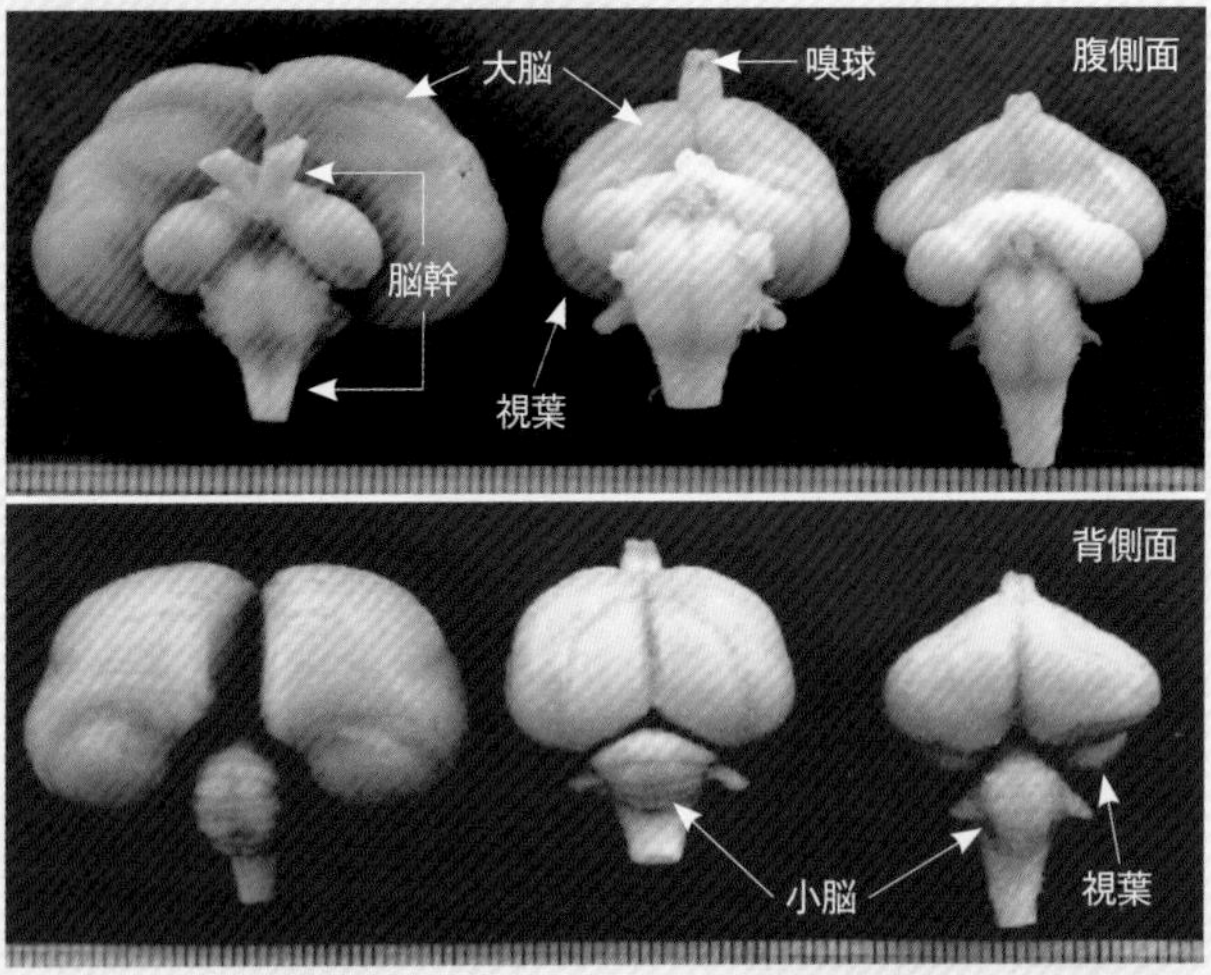

口絵７－１. 鳥類の脳
左：ハシブトガラス、中：カモ、右：ニワトリ。
ハシブトガラスは外套がとても発達していることがわかる。

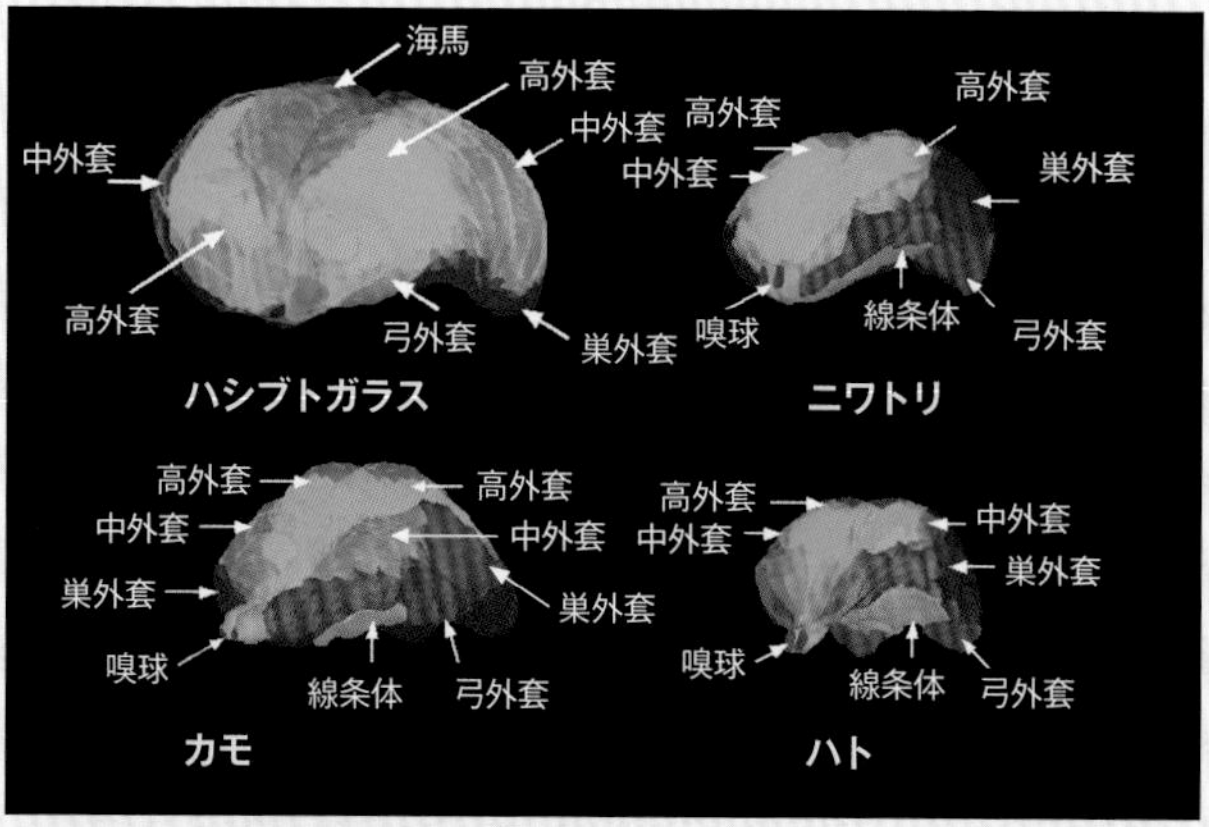

口絵 7－2. 鳥類の脳の三次元立体構築

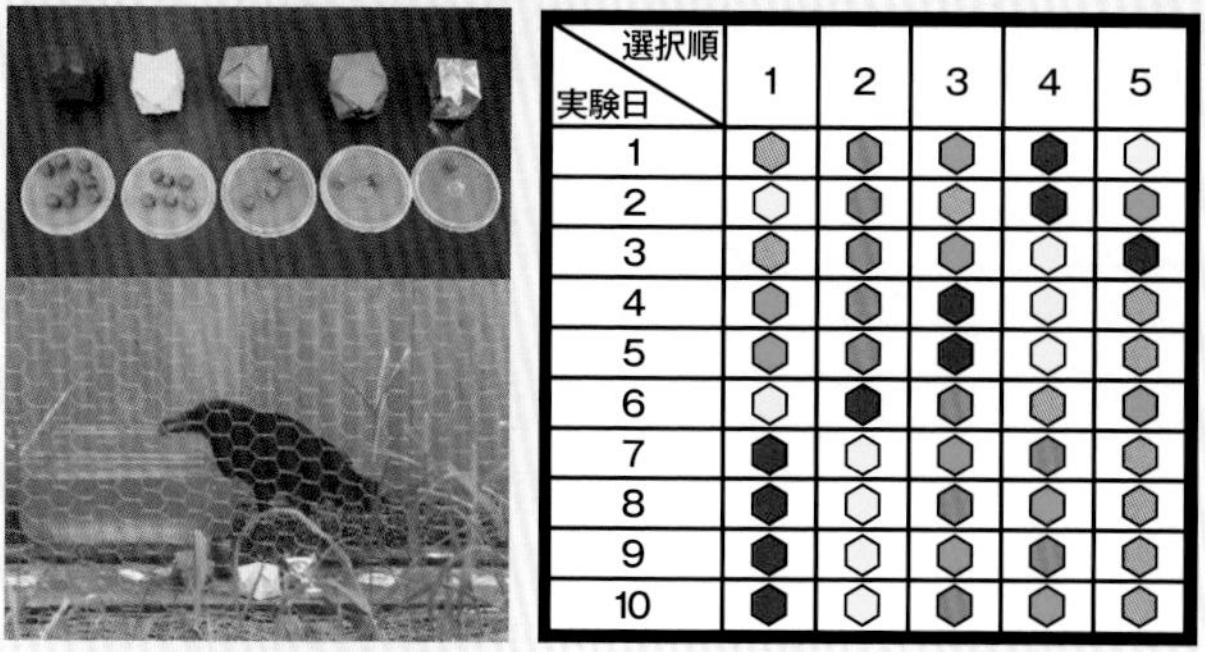

口絵 7－3. 数量認識の実験

本書の主役

ハシブトガラス（*Corvus levaiullantii japonesis Bonaparte*、
英名：Japanese jungle crow）
体重：600 ～ 800g、体長：約 56㎝（翼開長時：約 105㎝）。
嘴の長さはオス 67mm、メス 62mm。
その名のとおり嘴が太い。「カァ～カァ～」と比較的澄んだ鳴き声をもつ。食性は雑食で、どちらかというと肉を好む。ヒマラヤスギといった常緑樹など、外から見えづらい隠蔽性のある環境に営巣する。

ハシボソガラス（*Corvus corone orientalis Eversman*、
英名：Eastern carrion crow）
体重：450 ～ 650g、体長：約 50㎝（翼開長時：約 90㎝）。嘴の長さは 60mm。
ハシブトガラスに比べ嘴が細い。「ガァ～ガァ～」と濁った鳴き声をもつ。食性は雑食で、カエル、虫などの小動物、木の実、畑作物の種や芽などを好んで食べる。落葉樹や電柱など、オープンな環境にも営巣する。

はじめに

私がカラス研究をはじめたのは二十五年ほど前ですが、いつのころからか、気がつけば「カラス博士」という呼び名が付いていていました。当時は、解剖学から行動学にまたがり、カラスという生き物にマニアックに切り込む研究者がいなかったため、異色に感じられたのでしょう。カラス研究については多くの場合、鳥類の生態研究の亜流として取り組まれているようですので、解剖学が起源なのも珍しがられた理由かもしれません。

長いカラス研究の中で、私は『カラス学のすすめ』をはじめ、この鳥に関する一般書を幾冊か執筆してきました。そして、書き終えるごとに「カラスのすべては語りつくせなかったけれど、書くべきことはもうそんなに残っていないな……」と思ったものでした。それが不思議なことに、最後の出版からある程度の年月が経つと、同じ身体部位を語るにしても、新たな魅力への気づきや発見が蓄積されているのです。

カラスから学んだこと、私なりにたどり着いた研究の成果を多くの方々と共有したい、そして奥深いカラスの魅力をさらに発信したいという気持ちが、カラス博士としてこの新たな一冊の執筆に向かった原動力です。二十五年間の蓄積として、本書の内容で十分なのか、あるいはいまだ勉強が足りず、カラスからの学びをこれからも発信しなければならないのか、現時点ではわかりません。ただ、彼らは、いつでも私たちの目の前にいます。人類との長い共存の歴史の中で、人の傍らで生きる生態を身につけてしまったようです。好きであろうがなかろうが、生活圏をある程度は共有し、お隣さんにならざるをえません。どうしても長い付き合いになるわけです。私たち人間と照らし合わせると、長い時間を共有するパートナーですら、互いに最後まで新たな発見があると言いますから、カラスとの向き合い方もそんなものなのかもしれません。

幸い、世界のいろんな研究者がそれぞれの得意な視点で捉えながら、カラスという生き物の姿や特徴を発信しています。この鳥は、裸眼、双眼鏡、顕微鏡といった様々な倍率での観察に耐えられる百態をもっています。つまり、日常生活で出会う身近なおもしろさ、少し拡大して覗かないと見えないユニークな生態、メスを入れて顕微鏡で凝視してはじめてわかる奥深い世界など、様々な角度から追究でき、まさに「カラス百態」なのです。私もはじめは得意な解剖学的視点からアプローチしていたのですが、そのうち焦点が合っているのかズレているのかわからないまま、別の眼鏡を取り出して夢中でカラスをながめている自分に気づきました。どうやら、それがカラスの怖いところです。専門分野を飛び越えてでも出会ってみたい魅力を私たちにチラつかせるのです。そんなこんなで、私の研究人生の後半は、いわばカラスに翻弄された感もあります。いずれにせよ、カラス百態、万華鏡のように多彩なこの鳥を覗けば覗くほど、興味あるつくりや行動が見えてきます。時間の経過とともに観察の深さも増し、自ずと新たな発見やカラス学の知識が増えていきます。

少し経験的な例を挙げると、本書でも大きな割合を占めている脳について、私が学生のころ（五十年ほど前）は哺乳類がもつ機能性の高い大脳皮質に相当する部分は、鳥の脳には存在しないと考えられていました。ところが今や、皮質に相当する部位が、カラスに限らず、鳥の脳の多くを占めることがわかっています。なかでもカラスの脳は、さらに高次の働きをする外套の連合部位が、他の鳥よりも発達していることが明らかになっています。カラスに関する文献的な情報にふれ、自分自身でその実態を確認する実験を繰り返すことで、さらなる好奇心が刺激され、そんな優れた脳をもっているのなら利口な行動を確認してみよう、応用編も試してみようと、カラス百態の新たな一、二態を求めたくなるのです。

既刊書においても、脳や知的行動についての情報は取り上げてきましたが、本書では基本情報についておさらいしつつ、これまでの到達点よりも進んだ内容を盛り込み、カラスに対する見方や考え方をさらに豊かにしたいという思いで表現しました。加えて、一般書という位置づけですので、科学的な視点一辺倒ではなく、少しばかり踏み込んで、カラスの「心」についても自分なりの考えを展開させていきました。

一方、身体については嘴《くちばし》のつくりと機能を詳細に紹介しています。カラスの嘴が私たちの指のように敏感であり、かつ器用であることを知ってほしかったのです。というのも、カラスの脳の発達や知的行動は広く理解されてきているのですが、それを表現する身体の部位の機能は意外と注目されないからです。カラスは嘴を用いて、異性の羽毛を優しく羽繕いするかと思えば、多様な素材を組み合わせて編み物をするかのように器用に営巣します。そんな身体能力もカラスの魅力の一つです。

ところで、二〇二〇年暮れから二〇二一年初頭にかけて、鳥インフルエンザが全国で猛威をふるいました。このような騒動が起きると、真っ先にカラスに疑惑の矛先が向くことがあります。さらに近年は、都市部にカラスが大きな群れとして棲みつき、電線や街路樹の下が糞で汚染される問題が多発していますが、このような衛生面からもカラスを見つめる必要に迫られています。生活の中の彼らをさらに知るためには、楽しい側面だけにとどまらず、病気などにも焦点を当てるべきだと考え、カラスが保有する病原体についてもまとめています。隣人と円満に暮らすためには、やはり嫌な面も理解しておく必要があるからです。

本書が、人、カラス、環境、都市生活などの切り口から、私たちの未来を考える何かしらの参考になればと願っています。

目次

コラム

第1章 カラスの嘴《くちばし》

1 嘴のイメージ

身近なカラス類に、ハシブトガラス（*Corvus levaiullantii japonesis Bonaparte'* 英名：Japanese jungle crow）やハシボソガラス（*Corvus corone orientalis Eversman'* 英名：Eastern carrion crow）と呼ばれる種がいます（**図1－1**）。その名称は嘴の太い方をハシブト、細い方をハシボソと呼んで、「ハシ」は嘴の「バ」が「ハ」になったものと考えられます。どちらも身近な鳥類の中では大きい方ですから、嘴も大きく感じます。特にハシブトガラスの嘴は大きく突き出し、破壊力が強そうに見えるので、凶器のごとく感じている人も少なからずいます。

私のところには、カラスでお困りの様々な領域の方が訪ねてきます。お悩み相談でも、「カラスのあの嘴は怖いですね」、「嘴で頭を突かれたら大けがですね」などと

図1－1．ハシブトガラス（左）とハシボソガラス（右）
その名のとおり嘴の太い方がハシブトで、細い方がハシボソ。

会話に登場します。また、ごみ集積所でたくましくごみ袋を咬みちぎり、中の生ごみを漁るところからも、そんなイメージが強いのだと思います。もちろん生き物ですから、嘴は他の生き物と交戦する際の武器になることもあれば、死肉を食する際のナイフとフォーク代わりになることもあります。ただ、歯のない生き物ですので、嘴がいくら鋭くても、牙をむきだす狂暴な動物に比べれば、恐るるに足らないでしょう。

この章では、そんなカラスの嘴を科学的な視点から解説し、むやみに恐れることなく、カラスの立場から嘴の必要性を考えてみます。嘴の話はこれまでに執筆した本にも概略的なことは記載していますが、ここではそのつくりや大きさばかりでなく、嘴の働きと感覚についても深く掘り下げていきます。

2 嘴の働きを考えてみる

鳥にとって嘴は、自らの未来を切り開く偉大なハンマーにもなります。嘴は、狭い卵殻の中の世界と未来の大空への羽ばたきをつなぐ役目を果たすのです。カラス誕生の幕開けの立て役者です。筆者が知る限り鳥類はみなそうだと思いますが、カラスも卵の殻をヒナが自ら割って誕生します。このとき、正確には嘴とは違うのですが、卵歯という硬い組織が胚（多細胞生物の発生から孵化前の段階）の嘴の先端に一過性に形成され、それでヒナは内側から卵の殻を少しずつ割って誕生するのです。ウズラで観察したことがありますが、卵の丸みに合わせ円を描くように割り進みます。どの鳥も円を描くように割り進むかはわかりませんが、嘴先端に形成された卵歯で卵殻を突き割るのはカラスも同じと考えます。

図1−2．羽繕いする様子

　実際の孵化前のカラスの胚を見ると、上嘴の先端に白い部分が見えます（**口絵1−1、2ページ**）。それが卵歯です。また、孵化後間もないヒナの嘴先端に、白い小さな突起として卵歯の痕跡と思われるものが見えます（**口絵1−2、2ページ**）。これから述べる成鳥になってからの嘴の働きも驚きですが、卵殻の世界から大空の世界へと飛び出す際の幕開けに嘴が大事な役割を担っているのです。

　さて、成鳥の嘴ですが、そもそも私たちが食べるときの口とは異なる働きをします。意外かもしれませんが、武器というよりは、巣づくりや羽繕い、子育ての際の餌運びや巣の清掃など、私たちの手や指のような働きをします。ときには、匠の技のように上手に道具を使いこなすこともあります。さらには、異性の羽を優しく羽繕いするなど（図1―2）、社会的関係を強めるような役目もあると考えられています。

あの角化した硬い嘴で、どうしてそんな柔らかな作業ができるのでしょうか。鳥類の嘴は、硬くて感覚がなく、ときには突かれる、あるいは齧られる、怖いもののように思われがちですが、実は繊細な感覚をもつことが知られています。例えば、カモの嘴には見事な神経配列があり、感覚に優れた体の部位であることが一六〇〇年代にはすでにわかっていました。嘴は鳥にとって羽毛に覆われていない数少ない場所であるため、外界の情報を敏感に受け取ることができる部位になるわけです。

嘴の形の進化

鳥類の嘴は、生活様式というよりは、餌の取り方によって様々な形に進化しています。肉を引きちぎって食べる猛禽の嘴は、鉤のように先端が鋭く、フックのように曲がっています。肉へ食い込み、それを引き裂くのに十分な鋭さです。一方、水を張ったばかりの田んぼや浅瀬の水底をかき回し、水草の根や隠れていた虫などを餌とするマガモの嘴は鋭さがなく、平べったく丸みをもっています。その先端には触覚の受容器があり、泥の中の食べ物を判断します。一方、シギの仲間は種によって嘴に豊富な変化があるようです。日本で見られるタシギは、田んぼや湿地の泥の中の餌を食べるので、奥深くまで探せるように細く長い嘴をもっています（**図1—3**）。また、一八〇〇年代の後半には、セキセイインコなどの嘴の先端部にも接触受容体がびっしり収まっていることが発見されています。その後、多くの鳥類の嘴が感覚器として働いていることが様々な研究により明らかにされました。

図1－3．細く長い嘴をもつタシギ

ところで最近の研究には、採餌効果だけではなく、環境温度が嘴の形の進化にかかわっている（寒い地域の方が嘴は小さい）という報告もあります。哺乳動物において、寒冷地では温暖な地域の個体に比べると、耳、鼻、尾など、体から突出する部分が小さいという、いわゆる「アレンの法則」という考え方が知られています。それの嘴バージョンです。この法則で考えられるのは体の熱放散をできるだけ防ぐメカニズムですから、嘴も体温調節にかかわることになります。鳥の嘴が体温に関係するなんて、全く予想もつかないことですが、これまでの研究で気温や緯度が鳥の嘴の大きさに影響することが明らかにされているのです。例えば、気温が高くなると嘴のサイズが大きくなり、緯度が高いとそのサイズが小さくなることが明らかにされています。さらに樺太と北海道のカラスを比較計測した中村純夫氏の報告では、樺太のハシブトガラスは北海道のそれに比べ体重が大きく、嘴が小さく、「ベルクマンの法則」(同じ種でも寒冷地域に生息するものほど体重が大きい)と「アレンの法則」が成り立っていることを明らかにしています。

図1－4. 巨大な嘴を持つオニオオハシ

たしかに、鳥は全身毛だらけなので、羽毛で覆われていない嘴や脚などは、体温調節に関与している可能性があります。現にオニオオハシの大きな嘴は、血管を介して熱放散の働きをしていることが知られています(**図1－4**)。実際、私たちはカラスの嘴を解剖するなかで、あの硬い嘴の表面には皮膚と同じように神経や血管が分布していることを確認しています。そんなことから、嘴が物理的に破壊する武器としての役割だけのものとは思えなくなります。体温調節の点から、嘴の大きさにも生物的な意義がありそうです。

3 嘴の大きさ

やはり、嘴はカラスのアピールポイントの一つです。特にハシブトガラスは眼前に大きく突き出した嘴をもっていますから、迫力があります。

ハシブトガラスとハシボソガラスの嘴の大きさ（表1―1）

さて、その嘴の大きさですが、ハシブトガラスの成鳥約千八百羽、幼鳥約三千羽を用いた膨大なデータの報告があります。それによると嘴の

表1－1．ハシブトガラスとハシボソガラスの嘴の大きさ

ハシブトガラス			
長さ	成鳥	♂	67mm
		♀	62mm
	幼鳥	♂	66mm
		♀	60mm
高さ	成鳥	♂	28mm
		♀	26mm
	幼鳥	♂	28mm
		♀	26mm
ハシボソガラス			
長さ	成鳥		60mm
高さ	成鳥		20mm

（吉原論文より整理）

長さは、オスが約六十七ミリメートル、メスでは約六十二ミリメートル。幼鳥では、オスが約六十六ミリメートル、メスでは六十ミリメートルとなっていて、オスの方が八～九パーセント大きいのです。そして嘴の高さは、成鳥のオスが約二十八ミリメートル、メスでは約二十六ミリメートル。幼鳥では、オスが約二十八ミリメートル、メスが二十六ミリメートルで、長さと同様にオスの方が高いのです。

筆者らの数少ないデータですが、ハシボソガラスは成鳥で長さが約六十ミリメートル、高さが約二十ミリメートルです。見た目でもよくわかるのですが、ハシボソガラスはハシブトガラスに比べると小さいのです。興味深いことに、幼鳥から成鳥に成長するにつれて、長さは伸びているのに高さはほとんど変わりません。長くなる理由としては、先端に向けて角化部分が硬化するとともに、突きや咬合の機能性を高めるためかと考えられます。

では、カラスたちが日常生活を送るにあたって、その嘴をどのように使っているのかを見ていくことにします。

4 嘴にみる日常

巣づくり

カラスの嘴の器用さや繊細な動きを考える場合、巣づくりが最も適しているかもしれません。地域差はややありますが、三～四月になると、枯れ枝や縄の端くれなど様々なものをくわえ、忙しそうに営巣場所へ運ぶカラスの姿が見られます。そうです、巣の素材を器用にくわえて飛んでいるのです。ときには、針金のハンガーをバランスよくくわえている姿を見ることもあります。また、巣づくりの季節に大学のキャンパスなどを歩いていると、頭上からポキポキとかパキパキといった乾いた音が聞こえてくることがあります。見上げると、カラスが嘴で枯れ枝の細いものを折っています。あるいは、さらに細い脇枝をそぎ折って、運ぶ前にある程度加工しているような姿も見かけます。これは素材を運ぶ前の段階になりますが、やはり巣づくりの作業です。このような枯れ枝やハンガーは、巣の外枠のフレームに使います。巣をよく見ると、土台となる木の枝に運んできた素材を上手に組み込んでいます。運んだ素材同士が絡むように編み込んでいるのです。おそらく足は素材を押さえつけるときにしか使わないでしょうから、嘴で丁寧に編み込んだとしか考えられません。中心に向かうにしたがって、巣はお椀状に丸くかつ窪んだ形になります。丸みとへこみをつけて編み込む技術は、毛糸の帽子をつくる作業にも似ています。このような巣づくりの器用さには目を見張るものがあります（詳細は「第8章❹巣づくりの時間」で紹介します）。

優しさの表現

一方で、繊細な優しさを表現するのも嘴です。嘴で自分の羽繕いをするのですが、先端を使って羽毛を器用に持ち上げ、丹念に羽毛の根本を確認するような仕草、優しく咬んでそぎ研ぐような仕草など、羽を手入れするのにもいろんな技と力加減が見られます。このとき、後ほど登場する様々な強さの圧覚や触覚を感じ取りながら、嘴の動きを調節しているのです。こうして嘴の働きを見ると、単に物を摘まむ道具ではないことがわかります。

ヒナや異性の羽繕いになると、さらに優しさに満ちてきます。あるとき、こんな様子を目にして、何ともほほえましい気持ちになりました。それは子育ての時期のことです。カラスは子育てを雄雌共同で行います。ある日、餌を運んできたオスと思われるカラスが、巣の脇で背筋を伸ばして微動だにしなくなりました。何が起こるのかと観察していたら、ヒナのグルーミン

図1－5．ヘビをくわえたカラス
（画像提供：坂本公美）

グをしていたメスと思われるカラスがその作業を止め、オスの胸から首にかけて優しく羽繕いをはじめたのです。オスはジッとして動きません。「どうだ、俺だってちゃんと子育てをやっているだろう」と意思表示をしている感じです。メスは、軽くオスの胸の羽毛をそり上げたかと思えば、位置をやや上げて同じことをします。やはりオスはじっとして、その仕草に身を任せるだけです（**図1－2**）。このような愛情表現も嘴の働きになります。この羽繕いは、寄生虫であるハジラミを獲る衛生的な機能もありますが、スキンシップの役目もあるのです。ちなみに、カササギはつがいの相手だけに羽繕いをするようです。

ヒナへの餌やり

子育ての際、嘴はスプーンにもなります。カラスがヒナに餌を運ぶときは、餌をついばむか、口の中に入れて運びます。

親ガラスは、子ガラスが大きく開けた口に自分の嘴を入れ、含んでいる餌を注ぎ込むのです。このように、離乳食を与える際のスプーンのような働きをするのも嘴です。一方で、ときにはスイカや梨の果皮を突き破るアイスピック、あるいは小動物を捕食する際のナイフやフォークにもなります。さらには、フォークやスプーンでパスタを丸めるような器用さで、ヘビなど細長い餌をうまく折りたたむのです（図1—5）。

巣の掃除

そうかと思えば、掃除の際も嘴が活躍します。巣はたえず清潔に保たれます。ヒナの排泄物が巣に落ちる前に親鳥がヒナのおしりに間一髪のタイミングで嘴を突き出し、それをキャッチします（図1—6）。上手にくわえて巣の外に運んでいきます。なんともいえない嘴の働きです。

図1－6. ヒナの糞をキャッチする親ガラス
手前の親ガラスの嘴に見える白いものがヒナの糞。その左に見える小さな孔がヒナの総排泄腔（矢印）。

私たちはこんな仕草をする嘴について、構造と力強さの側面から調べることにしました。

5 嘴の解剖

嘴には、言い尽くせないほどの働きがあることはこれまで述べてきたとおりです。用途にあわせて、器用で繊細な動きを使いこなせる理由としては、幾種かの感覚受容器の存在が考えられます。しかし、カラスに限っていえば、この部位の研究は未開発でした。私たちはそんな嘴に興味をもち、どんな構造でどんな神経が分布しているのか、嘴を徹底的に解剖することにしました。人間の口や手に勝るとも劣らない、嘴の働きを司る謎を解くためです。

カラスの嘴の優れた機能は、感覚や運動能力の鋭敏さからきているものと考えられますが、これまでカラスの嘴を解剖しようという人がいませんでした。そんななか、Hさんという学生が嘴を研究してみたいと言い出したのです。彼女は大学の学部から大学院の修士課程修了まで、カラスの嘴の解剖に熱心に取り組みました。ここでは、彼女が取り組んだ成果を中心に解説します。また、他の鳥類においても決して多くはないものの、嘴の研究がいくつか報告されていますので、それも参考にしながら話を進めていきます。

観察するための作業や工夫

・肉眼による解剖

動物の体を見る場合、肉眼であろうが顕微鏡であろうが、私たちは視覚で観察します。しかし、カラスの表面をシゲシゲながめても、知りたいことは何も見えてきません。そんなわけで、見えないところを見るための工夫がとても大事になります。その工夫や苦労を少しお伝えし、みなさんにカラスの嘴を解剖しているような感覚をもっていただきたいと思います。

まずは、駆除の対象になったカラスの死体の首から先を集めます。ハシブトガラス、ハシボソガラスどちらも集めたのですが、これから登場する結果などは、断りのない限りハシブトガラスのものになります。おおよそ十四羽分の頭部を採取しました。一般的に動物を使った解剖や実験において最初に行うのは、目的器官の重さや長さの計測です。嘴の長さは専門的には「嘴峰長《しほうちょう》」というのですが、その長さは前述のとおりで、オスの方が長いのです。形には個体差がややありますが、バナナのように付け根から先端に向かうにつれ、下方にゆるやかに曲がっています。これに対し、ハシボソガラスではやや直線的に見えます。

計測が終わると、いよいよ解剖です。哺乳動物の解剖なら皮剥《ひはく》といって、体表の皮膚を剥がす作業からアプローチします。しかし、嘴には薄く黒い表皮が歯骨に強く密着していて、哺乳類の解剖のようにはいきません。そもそも皮膚というイメージからは遠く、骨と密着し一体になっているようなつくりのため、手術用メスでは刃が立たないのです。そのために、まずは切るというよりは、骨ごと嘴を砕いてみようということになりました。

骨鉗子という、骨など硬い組織を把持し摘出するときに用いる手術用の道具を使い、嘴の背部三分の一くらいの位置で挟んで絞めつけてみると、ミシミシという鈍い音とともに、鉗子の先が嘴に食い込みました。挟んでいる部位を嘴からもぎ取ると、嘴の中には空洞があったのです。横断面はカマボコ型テントのようで、外から見えている嘴の部分はテントの張りの部分です。底は上口蓋《じょうこうがい》といって、口腔の天井になっていることがわかりました。さらによく見ようと、骨鉗子で解剖の突破口を広げていきます。そうすると、肉眼ではっきり見える神経の走行が確認できました。神経の剖出は、このように少しずつテントの屋根の部分に開けた孔を広げていくようにして、目に見える神経を写真で記録していく手法で進めました。

さて、まずは見えるまま記載していきます。前述のように、嘴のせり上がった背部を骨鉗子で割りながら剥ぎ取っていくと、頭蓋腔から出た神経は鼻中隔に沿って嘴の先端に向かって走行しているのが見えました。外鼻腔付近で左右に分かれるものが二本、その中央のやや口蓋側を走るものが一本見つかりました。この神経は嘴の先に進むにつれ、さらに枝別れして無数の細い神経となり、次第に見えなくなっていきます（**口絵1―3、3ページ**）。

その先には筋肉などの運動器はありませんから、これらの神経の束は、嘴の皮膚で感じた刺激を中枢まで運ぶ感覚神経の束と考えられます。なお、これらの神経は哺乳類でいえば三叉神経の眼神経枝[注1]に相当します。下顎でも同様に、歯骨の上縁よりやや下方を先端に向かう下顎神経枝が見えます（口絵1—4、3ページ）。やはり先端には筋肉がないのですから、これも感覚神経となります。これらの神経は、後述する肉眼では見えない様々な感覚神経へとつながっていくのです。このように、三叉神経の枝が嘴の先端まで伸びているのは、ダチョウをはじめとしてアヒルやウズラでも知られています。

ところで嘴の構造を神経の面から説明しましたが、神経は嘴というういわばドーム状の屋根の下を走行していることになります。このドーム、つまり嘴の形状を形成している骨が切歯骨と呼ばれるものです。説明の上ではドームと述べてきましたが、骨なのです。そのドームの内面には大きな空隙があり、その間にはたくさんの骨の支柱が網の目のように張りめぐらされていて（図1—7）、切歯骨の外壁部分の強度を保っているわけです。もし、嘴を形成する切歯骨の内面が緻密質でできていたら、頭が重くてうまく飛べません。

・顕微鏡による解剖

肉眼で見える神経を追いかけていくと、やがて神経が細くなり組織へと消えていきます。小

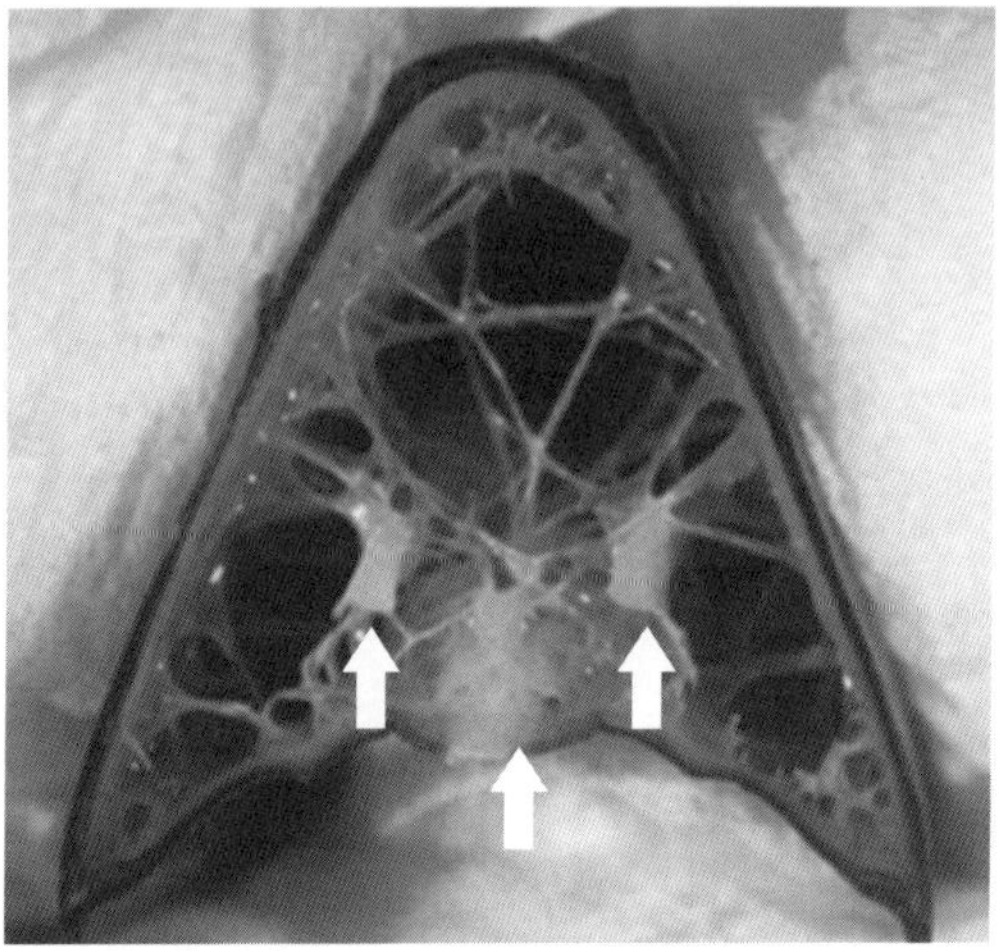

図1－7．嘴の内側にある骨の支柱と神経の断面（矢印）
（画像提供：林美紗）

川を上流にたどるほど段々と川幅が狭まっていき、やがては消えていくようなものです。見えなくなっただけで、神経はその先にもあるはずです。それを見るためには、いわば透視眼が必要です。現実的な方法として、見たい神経だけを残し、周りを透明化するなどの処理をしていきます。

まずは、そんな透視眼的な方法を紹介しましょう。その方法の名前はシーラー（Sihler）染色といいます。この染色は、筋肉、腱、結合組織など、神経以外のものを透明化します。その後、神経のみを特殊な薬品で染め出すのです。周りは透明になり、神経だけが浮き上がってきます。そうすると、いろんな組織で覆われて視認できなかった部分も見えてきます。ただしこの方法では、神経の走行は見えるものの、透明にしてしまった周りが見えなくなってしまいます。

神経と周りの関係も観察したい、そんなときもあります。また、肉眼では見えない嘴のミクロな世界を覗く必要もあります。そのときは、嘴を徹底的に薄く切り、色をつけて顕微鏡で見ます。薄く切るといっても、その厚さは十マイクロメートル（一ミリメートルの百分の一）の場合もあれば、五マイクロメートルのときもあります。ただし、あの突き出した硬い嘴を薄く切るのは至難の業です。しかし、担当のHさんはとても頑張り屋の学生だったので、骨を柔らかくして嘴ごと切るという手段でその業に挑戦しました。それは脱灰といって、酸で骨の部分を軟化させる方法です。何とか嘴を薄く切り、細胞や核などを色分けする染色を施し、肉眼で見えなかった部分を見られるようにしました。薄切りをするには、ミクロトームという特殊な装置を使います。その装置に嘴を丸ごと乗せるわけにはいかないので、五ミリメートル間隔に分割し、さらにパラフィンで包埋する[注2]という手間をかけます。ですから、パラフィンに包埋したブロックを丹念に薄く切ることになります。

嘴のつくり

研究に用いたハシブトガラスの嘴は、上下同じ長さではありません。下嘴は上嘴より数ミリ短いのが普通です。つまり、受け口のカラスはいないことになります。よく見ると、上嘴の先端はやや下方にカーブして鋭く尖っています。表面は角質層を含んだ皮膚になっていて、その厚さは三百五十マイクロメートル強です。角質層の厚さは百五十マイクロメートルほどで、その下に表皮と真皮があります。その点では、あの大きく突き出した嘴は私たちの皮膚と同じような構造をしているわけです。決してただの硬い器官ではないのです。

そのような視点をもつと、この数百マイクロメートルの厚さの中にも広大な世界が広がってきます。私たちの皮膚と同じなら、感覚機能もこの中に備わっているのでは……。Hさんはそんな展開を考えたようです。そこで、嘴の骨を覆っている厚さが五百マイクロメートルにも満たない黒い皮膚を、先端から付け根まで丹念に見ることにしました。

表皮の微細構造物

鳥類の嘴の表面を皮膚というイメージで捉えている人は少ないかもしれません。しかし、嘴の表面は厚さ約三百マイクロメートルの立派な皮膚で、大きく角質層、上皮層に分かれます。**口絵1−1**の胚・**口絵1−2**の孵化直後のヒナの嘴を見ても、表面は皮膚であることがわかります。それらの細胞にはメラニン顆粒をもち、季節や繁殖により色が変わる鳥もいます。カラスは色こそ変わりませんが、嘴の表面は黒いメラニン顆粒をもった上皮細胞で覆われ、さらにそれは表皮と真皮に分かれます。その真皮の網状層という組織の中に、哺乳類ではパチニ小体という振動刺激に反応する受容体があるのですが、カラスの嘴からもそれと酷似する組織（ヘルプスト小体）がたくさん見つかりました（**図1―8**）。このヘルプスト小体は、圧覚や振動感覚を感じる機械受容器と考えられています。このことから、嘴の先端を使って優しく咬む羽繕いの際の力加減や、突くときに頭部への振動を感じるなど、ヘルプスト小体には様々な役割があるのではと想像が膨らみます。もちろん、口腔内の口蓋（天井）や口蓋底（底）の粘膜下の真皮にもヘルプスト小体が見られるため、口に含むときの圧覚などを感じ取るような仕組みも考えられます。羽繕いは、このヘルプスト小体を敏感に働かせ、優しさを出すのでしょう。

さらに、それよりは少ないものの、広範囲の刺激を感受できるグランドリー小体、狭い範囲の刺激を受け取るルフィニ小体など、哺乳類で知られる機械受容体と類似の受容器と思われる組織が観

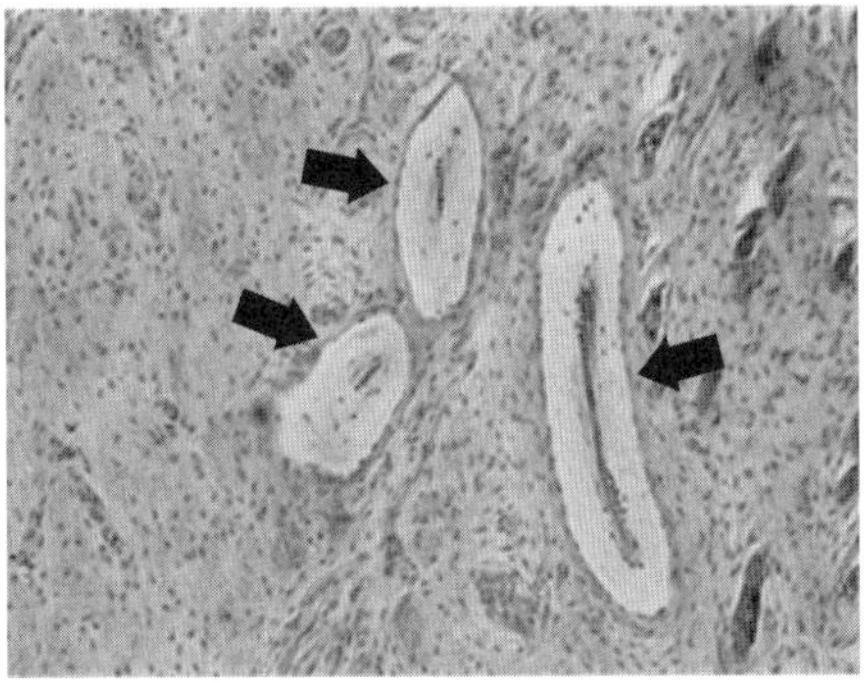

図1－8．網状層の中には圧覚や振動を感じるヘルプスト小体（矢印）が散見される

（画像提供：林美紗）

察されました。カラスはほぼ全身が羽に覆われていますから、嘴は表皮が表に出ている数少ない部位になります。触覚受容器の中でも、このような同じ物理的な刺激に対して感度の異なるセンサーがあることで、羽繕いや木の枝を折るなど強弱の異なる複雑な嘴の動きを可能にすると考えています。カラスがもつ感覚器を駆使すれば、果実の熟れ具合なども軽く突くだけで感じ取れるのかもしれません。

また、嘴には多くの血管が分布していることもわかりました。ですから、嘴のクラウゼ小体（圧覚や冷覚を感じる受容器）が温度を感知し、嘴の血流を抑えて体温の低下を防いでいるという考え方も成り立ちます。オニオオハシの嘴が熱放散の役割を担っていることを前述しましたが、この考えに基づくわけです。一方で、嘴に流れる血液を冷却して体温を下げるという報告はありません。ただ冒頭でふれたように、寒い地域と温かい地域で嘴の大きさが異なる、つまり寒いほど体表面積を小さくして熱放射を防ぐ、という考えとつながるようにも思えます。

このようにカラスの嘴は、鋭くて硬い突出物というイメージとは異なり、私たちの指のような性質と機能を有することがわかってきました。まさに、優しさと器用さを兼ね備えた器官なのです。さて、それだけでは嘴は語り尽くせません。次に力強い嘴について考えていきます。

6 嘴のパワーの解明

私たちの指のような機能をもつといえども、嘴を柔らかでしなやかな指と同じイメージで捉えてはなりません。それを無理に当てはめると、カラスの嘴を象の鼻のようなニュアンスで考えてしまいますが、そんなに自由には動きません。例えるなら、やはり先が鋭くて破壊力をもつツルハシのようなものでしょう。先ほどまでは、繊細な感覚器や羽繕いなど、優しい仕草をつくりだす象徴のようにも表現しましたが、今度は全く逆の面から説明せざるをえません。カラスの嘴にはそのような二面性があるのです。再び別の視点から嘴を使ったカラスの日常を見ていきましょう。

私のところに相談に来る方の多くは、カラスの嘴の破壊力に困っています。例えば、鉄塔や電柱に使う碍子《がいし》というものがありますが、これは電線とその支持物である電柱や鉄塔の間を絶縁する部品です。磁器製もあれば、合成樹脂製もあります。ところが樹脂製のものはカラスに食いちぎられ、絶縁効果が落ちることがあるようです。さらには、自動車のワイパーのゴムの部分が引きちぎられ、持ち去られる事件も起きています。そうかと思えば、動物の死体の肛門から腸などの内臓を力強く引き出すこともあります。このように、嘴のパワフルな様子が様々なところで見られますが、ある日、次のような相談を受けました。

業務用エアコンの多くは、建物の屋上に冷却用の室外機を設置しています。室外機には冷却した空気が循環するパイプがあります。外気と温度差がありますから、パイプをむき出しにすると結露が生じます。それを防ぐためパイプに断熱材を巻いているのですが、それがカラスに突かれたり食いちぎられたりしてボロボロになり、断熱機能が働かずに結露がたまり、天井から浸水して困っているとのことでした。そのため、カラスに食いちぎられない、突かれても穴が開かない断熱材のカバーを開発したいと、あるメーカーの方が訪ねてきたのです。そんなことがきっかけで、嘴の突く力や引っ張る力について研究することになりました。

鳥類の突くという行為は、キツツキでよく知られています。ニワトリでは社会行動として、突きで順位づけされているようです。ところが、その強さを測るという実験は見当たりません。カラスの突きや咬む力をどうすれば測定できるのかが、まずは大きなハードルになりました。その課題に取り組んだのはKくんです。彼は、カラスの突く力、咬む力、牽引する力を研究して博士の学位を取得した、嘴のパワー解明における中心的人物です。その研究内容を多くの方に理解していただけるよう、私なりに解説していきます。

嘴のパワーを探る工夫

嘴の働きを一言でまとめると、「ついばみ」をすることといえます。このついばみというのは、突く、咬む、引っ張るの三要素の複合的な嘴の働きのことを表します。嘴の力を知るには、これらの三要素についてそれぞれ確認する必要があります。それぞれの要素を測るには、カラスが本気で突いたり牽引するためのモチベーションを引き出さなければなりません。解剖学は緻密で根気が求められる分野ですが、動物行動学を伴ったこの研究はカラスとの根競べにもなります。さらに、動きのもとになる顎や首の筋肉の解剖学的な位置づけも考えなければいけません。結局、嘴や頭の動きに関する筋肉の発達具合も調べることとなり、かなりの時間と労力をかけました。この実験は、身近なカラスであるハシブトガラスとハシボソガラスで行いました。

・突きを測る

突きという動作では頭が上下します。そのため首を動かす筋肉について、発達具合を調べる必要があります。実際には筋肉の重量を量ることにしました。首を動かす筋肉だけでも十二種類もあります。首を動かす方向別にそれらを大きく分けると、首を持ち上げる頚挙上筋群、首を横に倒す頚側転筋群、首を下げる頚下制筋群、頭を回す回頭筋群に分けられます。一つ一つの筋肉はとても小さいので、同じ機能をもつ筋群をあわせて計測しました。また、筋肉の質量は体の発達とも関係しますので、体重と比べてどの機能筋群が発達しているのかも考慮しました。ただ、その結果をここで羅列しても、何せただの数字でしかなく無味乾燥感が漂いますので、後に回します。

次に、突き、咬む、牽引といった行動の計測を行うための仕掛けづくりに勤しみました。これが思いのほかたいへんな作業でした。カラス用の握力計などあるはずもなし、そもそも手を抜かれ、本気にならなかったら計測にならないのです。課題は、計測器具の課題とカラスに本気を出させることに分けられました。結果的にこの二つの課題は相互にかなり関係しあったので、やる気を出させる方法を考えているうちに、その方法なら計測はこれこれこういう感じだなというアイデアにつながっていきました。何でもそうですが、中心と脇役のかかわりを同時に考えていくと、思わぬことが見えてきます。

まずは、突く力を調べることにしました。カラスに本気を出させて突かせるにはどうするか。おいしい餌をご褒美にするのです。目一杯力を出してもらうには、それしかありません。まず、実験に使うカラスには、半透明のタッパの中にサラミの小片を入れて与えます。器の違和感をなくすため、給餌はその方法で行います。それに慣れたら、タッパの蓋の中央部を縁止めの部分を残して切り抜き、その部分を紙の蓋に置き換え、縁止めで固定します。そして、紙を破れば餌にありつけることを教えます。カラスは数日もすれば、何ら抵抗もなさそうにそれを破って餌を食べるようになります。

さて、ここからが勝負です。今度は中央部を切り抜いていないタッパの蓋を使います。そして、その蓋に紙で覆った面積と同じ広さの圧力測定フィルムを張るのです。こう書いてしまえば簡単なのですが、この圧力測定フィルムにたどり着くまでにかなりの時間を要しました。最初は料理用の小さな台秤の上に餌を置けばよいかと考えていました。しかしそれでは上品に突いて、全力を出さなくても餌が取れてしまいます。台秤のメモリがピュンと一瞬振れるだけです。ガンガン突かせるにはどうするかが問題です。餌が入っていることはわかっていても簡単に獲れない。獲れそうで獲れない。そんな状況をつくらなければなりません。また、台秤の針の揺らぎでは安定したデータの記録は困難です。こんな調子で、具体的な問題が出てきたのです。ただし、問題が具体的であるほど、早く、一つずつ解決していけます。まず、餌が簡単に獲れると覚え込ませ、そのあと簡単に取れなくするという考え方を思いついたことから、タッパと大手フィルムメーカー開発の半透明圧力測定フィルムの組み合わせに至ったのです。圧力測定フィルムは歯科医院に行ったときに閃きました。咬む力で咬合面が赤く変色するようなものが他にないものかと思いついて調べたら、工業用の物があったのです。

こんな経緯がありつつ、何とか実験にたどり着きました。狙いどおり、簡単に餌が獲れると思い込まされたカラスは、圧力測定フィルムを張ったタッパの蓋を突くのですが、破れません。餌が透けて見えていますから、必死でガンガン突きます。そうです。モチベーションたっぷりの突きをしてくれるのです。脳震盪でも起こしはしないかと心配になるほどでした。そして突いた部分のフィルムは赤や黄など、突きの強さに応じて変色したのです。

・咬む力を調べる工夫

咬む力（咬合力）に関係する研究は、嘴の大きさと餌の嗜好性や咬合力との関係、顎筋の大きさなどを主な視点に、進化の面から嘴について調べられているダーウィンフィンチのものが多くあります。新しいことを調べる際には、先人がすでに報告しているアプローチ法などがやはり参考になります。ダーウィンフィンチでの研究を踏まえて、顎筋の測定や顎筋と体重との相互関係計測など、私たちが調べる項目も増やしていきました。

咬む力の計測においても、突く力を計測した圧力測定フィルムを用いました。このフィルムを直径一センチメートルの棒に巻き、それをカラスの目の前で少し振ります。カラスは攻撃の姿勢でしっかり咬みつきます。この場合のモチベーションは怒りです。咬みつかれた部分は、やはり強さによって赤や黄、緑など様々な色に変化しました（口絵1―5、4ページ）。

・引っ張る力を探る

ハシブトガラスが動物の死体から腸などの内臓を引き出す様子を何度も見ていますが、肛門から奥へズンズン嘴を突っ込み、腸をグイグイ外に引き出します。なかなかの力強さです。そんなカラスの引っ張る力も測ることにしました。今度は、押す（つまり突く）、咬むのと違って、台秤も圧力測定フィルムも役立ちそうにありません。そして突く力の実験と同様に、餌を簡単に取られてはいけないのですが、この二つの実験は本質的に違います。前者では、カラスはいったん蓋を破れば餌にありつけましたが、引っ張る力を測る実験では、カラスが餌を得てから、何としても持ち帰ってもらわなければなりません。「餌をゲット、よし！」と持ち帰ろうとすると、紐がついていて運び去れないイメージを以下の手順で実現していきました。

餌には加熱加工され硬くなった、五十ニュートンのパワーでないと引きちぎれない鶏肉を用います。これをバネ秤に吊るし（五キログラム手秤）、地上から二十センチメートルの高さに設置してカラスに引かせ、その目盛りを記録します。もちろん角度も大事です。角度が小さいと、賢いカラスは体重を使って下に引っ張ります。いろいろ検討した結果、カラスが餌を引っ張るとバネ秤が約四十五度の角度になるように調節すれば、牽引する姿勢が安定することがわかったのです。

嘴のパワー測定結果

さて、あの手この手でカラスの嘴の力を見てきました。それらの測定結果をまとめていきます（表1―2）。

・突きの力

まず、計測した突きの力ですが、ハシブトガラスのオスが二十七、メスでは二十二ニュートン、ハシボソガラスのオスは二十二、メスで十五ニュートンでした。これを重量に換算すれば、ハシブトガラスのオスとメスで二・七〜二・二、ハシボソガラスは二・二〜一・五キログラムとなります。そして、これらの数値にはやはり首を動かす筋肉の発達が関係していました。例えば、首を下に動かす頚下制筋、上に動かす頚挙上筋はハシブトガラスの方がハシボソガラスより発達し、さらに同種を性別で見るとオスの方が多いのです。当たり前といえばそのとお

表1－2．カラスの嘴のパワー

突きの力	ハシブトガラス	♂	27N
		♀	22N
	ハシボソガラス	♂	22N
		♀	15N
咬む力	ハシブトガラス	♂	565N
		♀	400N
	ハシボソガラス	♂	424N
		♀	300N
引っ張る力	ハシブトガラス	♂	10N
		♀	8N
	ハシボソガラス	♂	4N
		♀	4N

N= ニュートン
1 ニュートン =1kg の質量の物体に $1m/s^2$ の加速度を生じさせる力

りですが、筋肉の量が多いほどパワーも増します。さらに、この数字がどれくらいの面積にかかっているのかを計算すると、ハシブトガラスのオスでは〇・三三平方ミリメートルとなります。これを一平方ミリメートルあたりに換算すると、八キログラム重の圧がかかっていることになります。

ガラパゴス諸島に棲むオオガラパゴスフィンチは、咬み砕くのに二百ニュートンも必要なハマビシの実を嘴で割ることができるようです。カラスより小さいオオガラパゴスフィンチがもつ嘴の力を考えると、カラスの嘴の強さも自然に思えます。

・咬む力

次に咬む力ですが、ハシブトガラスの最大咬合力は、オスで五百六十五、メスは四百ニュートンとなりました。一方、ハシボソガラスではオス四百二十四、メス三百ニュートンでした。キログラム重に直すと、ハシブトガラスのオスとメスで五十七〜四十キログラム、ハシボソガラスは四十二〜三十キログラムとなります。これを一平方ミリメートルあたりに換算すると、ハシブトガラスのオスの場合、咬んだ面積は四・四平方ミリメートルですから、五十七キログラムを四・四で割った数字、つまり約十三キログラム重の咬む力がかかっている計算になります。

長年カラスの研究をしていると、咬みつかれることも一度や二度では済みません。この強さは、そんなときに実感します。咬まれた部位に血豆ができるのは当たり前、一瞬だと思っても皮膚が咬み切られて出血します。これは、カラスが上手に咬んだ（最大咬合力を出した）証拠でしょう。

・引っ張る力

引っ張る力はどうでしょうか。ハシブトガラスのオスが最大で十、メスが八ニュートンでした。ハシボソガラスはオス、メスともに四ニュートンですので、ハシボソガラスがハシブトガラスよりもだいぶ小さい値です。これをキログラム重に直すと、ハシブトガラスのオスで一、メスで〇・八キログラム、ハシボソガラスはともに〇・四キログラムになります。日常感覚で表現すると、ハシブトガラスのオスではおおよそ一キログラム程度、ハシボソガラスなら四〇〇グラム程度のものなら引っ張って持ち去ることができることになります。

とある事件

この結果に関連するエピソードを一つ紹介します。

あるとき、私のところに刑事さんが訪ねてきました。要件を尋ねると、どうやらカラスのパワーを知りたいようでした。というのは、ある家の庭に、猫の頭部が投げ込まれたように転がっていたとのことでした。その家は大きな通りには面しておらず、路地を入り込まないと投げ込むことは難しい場所のようでした。刑事さんの関心は、カラスか何かの仕業の可能性はないかということでした。種類にもよりますが、猫の体重が三〜四キログラムとして、頭部の重さはせいぜい三百〜四百グラム以下です（発達した脳をもつ人間の頭部が体重の約十パーセントですが、それよりは割合的に少ないはずです）。この程度の重さなら、どれだけ飛べるかはわかりませんが、くわえて持ち上げるくらいはできるでしょう。それに加え、ヘビを丸ごとくわえて飛んでいるカラスを一度見たことがありましたから、その可能性はあるという見解を述べました。ちなみにシマヘビの体重は、大きいものでは三百グラムを超えます。

結局のところ、カラスの嘴のパワーの解明は、被害対策に結びつくことが多いかと思います。カラスの嘴のパワーに耐えられる室外機の断熱材カバーや、電力会社が使用する樹脂製碍子の開発はもちろんのこと、自動車のゴムパッキンの耐久強度を推定することなどに役立てることが考えられます。

おもしろいことに、カラスはそんなパワフルな嘴をもっていながら、貝を高く持ち上げ落下させて殻を割って食べるとか、クルミを車に轢かせて割るといった器用な仕草もします。知恵者のカラスですから、使えるものは使い、無理はしないということかもしれません。

7 道具を使うカラスの嘴

これまでは、嘴についての私たちの研究を紹介してきましたが、世界には道具を使うカラスとして有名なニューカレドニアに棲むカレドニアガラスもいます。詳しくは第7章で紹介しますが、カレドニアガラスはククイの葉から一本の軸をつくり、その軸を使って枯れ木に棲む幼虫を引き出すのです。また、実験室での話ですが、真っ直ぐな針金からフックをつくり、それを使って小さなバスケットを引き上げることも観察されています。カレドニアガラスが道具を使える理由として、その知能の高さが注目されていますが、それだけではなく、嘴の形状も大事なようです。

ところで同じく第7章でも登場しますが、十年ほど前、ハワイでもカレドニアガラスのように道具を使うカラスが観察されました。実は、それら二種類のカラスは嘴の形が似ているのです。進化と嘴の形や大きさとの関連についての研究は、『フィンチの嘴―ガラパゴスで起きている種の変貌』（ジョナサン・ワイナー著、樋口広芳・黒沢令子訳）に詳しく書かれています。

この本では、ガラパゴス諸島に棲息するダーウィンフィンチの嘴の多様性が述べられています。ダーウィンフィンチの嘴は種によって大きさに変異があります。それらは道具を使うためではなく、ガラパゴス諸島という限られた環境下で食物資源を分割するため、採餌への適応から起こった変化といわれています。つまり、食べる種を変えて、みなで共存するという目的の進化のようです。その中で、ダーウィンフィンチ類の中には、嘴で葉の柄の形を整えて幼虫を引き出す道具をつくるものが二種いるようです。

ニューカレドニアはハワイより南の太平洋に位置する島です。狭い世界なので餌も限られてきます。そんな環境で生き延びるために嘴が進化したのでしょうか。カレドニアガラスは、道具を使わなければ捕食できないものを選び、他の動物との競合を避けるために進化し、ハシブトガラスとは違う嘴をもつようになったのかもしれません。カレドニアもガラパゴス諸島も太平洋の離島です。このような環境に生きる鳥たちの戦略が嘴に現れるのだと思います。

直線的で咬み合わせがよいカレドニアガラスの嘴

それでは、強いだけではなく、器用に道具を使う嘴にはどんな特徴があるのかについて考えてみます。このことについては、慶応大学の伊澤栄一教授とオークランド大学のフント・ガビン教授の共同研究が有名です。彼らは、十種のカラス類のCT画像から頭部を三次元解析し、嘴の形態を見たのです。その結果、多くのカラス類は下嘴が下向きに曲がっているのに対し、カレドニアガラスの下嘴はしゃくれてカーブが少ないことがわかりました。横から見ると、下顎と上顎の咬合線がほぼ直線的であり、嘴で物を咬むときに平面と平面で挟むことができるため、安定して道具を咬むことができるという結論に至っています。

さあみなさん、日本のハシブトガラス、ハシボソガラスの嘴を思い浮かべてください。特にハシブトガラスがよいでしょう。その嘴は、基部から先端に進むにつれてバナナのように下方へカーブしています。一方、カレドニアガラスのそれは直線的です。さらにハシブトガラスもハシボソガラスも、上嘴の先端が下嘴の先端より数ミリ先に出ています。カレドニアガラスは咬み合わせがよいといいますか、先がそろったピンセットのようになっています（図1―9）。

第2章で詳しく記載しますが、カラスの眼には中心窩が二つあり、その一つが両眼視をつくっています。そのため、道具である棒の先は嘴の先端の延長線上に見え、カレドニアガラスの嘴でくわえた棒の先端は両眼の視野に入る、つまり空間認識ができるのです。それによって安定して道具をつかみ、その先の立体感や距離間も十分に保つことができ、結果として、枯れ木の穴から幼虫を吊り上げる作業がうまくいくわけです。

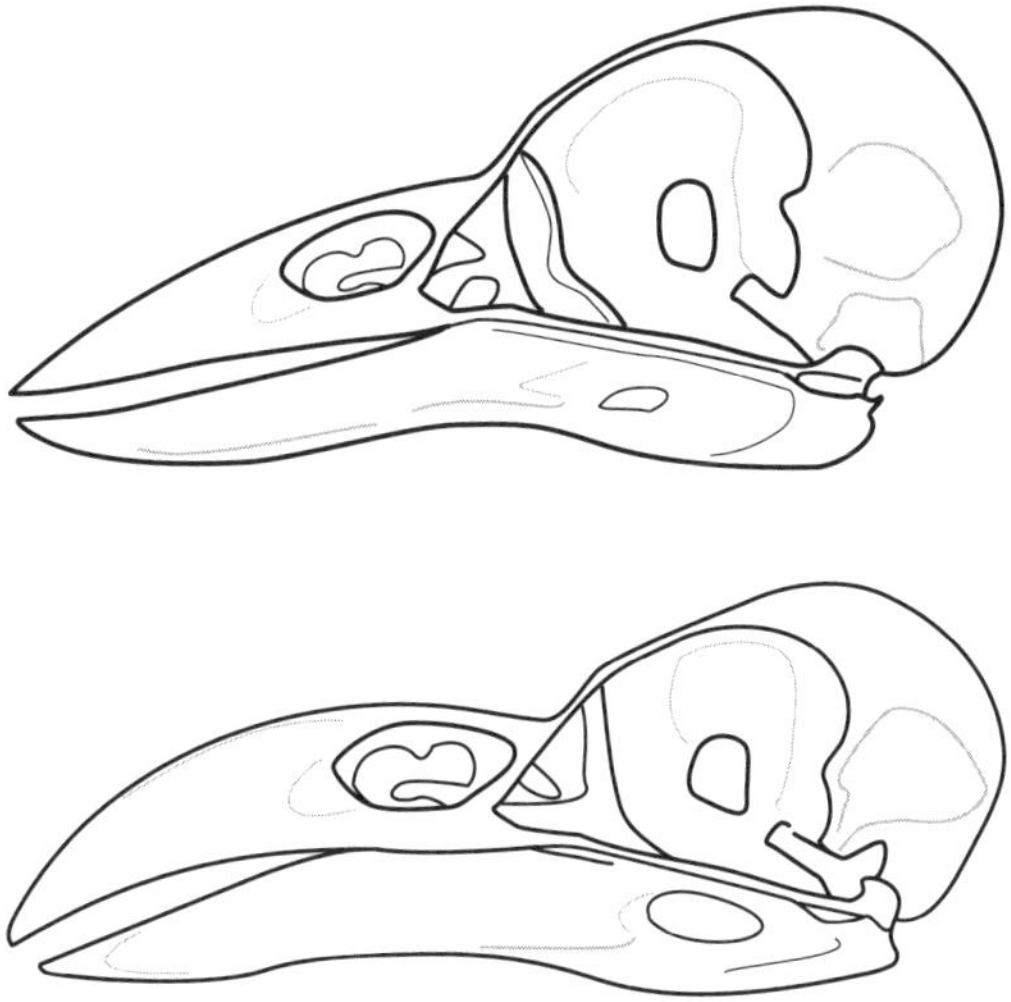

図1－9. カレドニアガラス（上）とハシブトガラス（下）の嘴

カレドニアガラスはハシブトガラスにくらべて上下の嘴が平坦・平行的になっている。

カラスの嘴を見つめると、実に巧妙かつ緻密な感覚をもち、作業を行うことのできる器官であることを思い知らされます。優しさや喜怒を嘴で示していますし、それを可能にするつくりがあります。人間のように顔や手で気持ちを示すことはできないカラスにとって、嘴は意思を表現するための重要な部位にあたります。さらには前述のように、卵殻の世界から広い広い天空の世界への扉を開けるのも嘴です。カラス天狗のお面でも嘴が強調されていますが、やはり嘴はカラスのシンボルといえそうです。

〈注1〉三叉神経の眼神経枝…三叉神経はその名のとおり三つに分かれ、主に上顎に分布する上顎枝、下顎に分布する下顎枝、目の周辺から額などに分布する眼神経枝からなる。

〈注2〉パラフィン包埋…柔らかい生物試料を顕微鏡で見るための手段。溶けたパラフィン（蝋のようなもの）に試料を浸し、その後固めて、パラフィンごとマイクロメートルの単位に薄く切る。

第2章 カラスの視覚

1 カラスがもたらす問題と視覚の関係

カラスは電柱や木の上からごみ集積所を見下ろし、隙ありと思えばひらりと舞い降り、あたかも中身が見えているかのように狙いを定め、ごみ袋を突きます。このような行動から、カラスはどれだけ視力がよいのか、また色覚はどうなのかという、いわゆる視覚に興味をもちました。カラスに限らず、鳥類が視覚の優れた動物であることは、美しい羽装の識別を個体相互に行う生活様式を有していること、猛禽類が天空から地上の小さな獲物を見逃さないことなどからも実感できますし、すでにそれに関する多くの研究があります。鳥類の多くは、昆虫と同様に紫外線を利用して、ものを見ていることもわかっています。その意味では、視覚あるいは眼の研究は斬新な結果にはつながらないのかもしれません。

ただ、カラスは我が国では俗にいう「ごみ荒らし」をする厄介な嫌われ者です。さらにごみ荒らしばかりではなく、農作物への食害も問題になっています。令和元年度の農林水産省の統計によると、カラス類による農作物被害は年間約十三億円ほどです。「果実が熟れた収穫目前を狙って食べるんだ」と生産者の方々は話します。熟した色具合などもわかるのではないかといわれています。

カラスがもたらすこのような問題の解決に向けて、視覚的欠点あるいは弱点をつかめないものか、仮にそのような結果がわかれば、視覚撹乱など何らかの対応策に結びつくのではないかという思いから、私たちはカラスの視覚を研究することにしました。さらに、不得手な色彩、好みの色彩などが見つかれば、それを応用した対策もたくさん考えられます。例えば、嫌な色がわかれば、カラスが止まらない屋根をつくることもできます。また最近では、出荷前に待機している新車に止まり、窓のゴムパッキンに咬み傷をつける被害もありますが、車をカラスが嫌がる色にする、あるいはその色のカバーで覆えば、そのような被害が減る可能性があります。このようなことを知りたいというニーズは多く、筆者は色彩とカラスの嗜好について大手の塗料会社と共同研究をしたこともあります。

この章では、ハシブトガラスという生物の視覚・色覚について紹介し、彼らの眼が外界をどう映しているのかを考えるヒントにしていただければと思います。視覚の研究といっても様々で、視覚器つまり眼球などの構造を見る研究もあれば、どのような色に敏感なのかという行動学的アプローチが必要な研究もあります。ここではまず、カラスの眼球のつくり（解剖学）、そして光感受性の感度の高さと行動学といった角度からカラスの視覚を解説します。

2 解剖学的アプローチ

一般的に鳥類は視覚器が発達した動物です。左右の眼球をあわせると、脳と同じかそれ以上の容積になります。人間の脳は例えるならハンドボールくらいの大きさですが、眼球はピンポン玉くらいで、脳よりはるかに小さいのです。この情報からも、鳥類の眼球が体の中でいかに重要な位置を占めているかが想像できます。鳥類の眼球の優れた点は、遠近を調節する特殊な筋肉や網膜櫛《もうまくしつ》という、哺乳類には見られない循環にかかわる構造物の発達など多くありますが、視覚を考える上では網膜の構造が基礎となるので、ここではカラスの網膜を中心に話を進めていきます。

網膜を調べるためには、少し気の毒ですが動物実験の倫理規定に従って、カラスの眼球を取り出します。その後は、何を観察するかにもよりますが、網膜を眼底から丁寧に剥がすこともあれば、レンズを含め丸ごとスイカを半分にするように切って、その断面から中の様子を調べる場合もあります。一般的には前者の方法で網膜の細胞を見ることが多く、顕微鏡観察が主体になります。第1章で紹介したように、ミクロトームという特殊な機械で網膜をミクロン単位で薄切りし、細胞を染色して観察します。そのためには、脱水やパラフィン漬けといった多くの前処理を必要とします。このような方法とは別に、死後十分も経たない体から眼球を取り出し、急いで網膜を剥離して光学顕微鏡で見ることもあります。

まずは網膜の広さを調べる行程です。カラスの網膜を眼球から剥離し、スライドガラス上に伸展させ、その面積を画像処理システムで算出します。この観察は、新鮮な網膜でもホルマリンで固定された眼球から取り出された網膜でも構わないのですが、新鮮なものの方が扱いやすく安定したデータが得られます。私たちが調べた結果、カラスの網膜の広さは約六百平方ミリメートルでした。ちなみにカモはカラスの約半分の面積です。その網膜の中には、目に入ってきた色彩や明るさを感じる視細胞、脳に網膜からの視覚情報を伝える神経節細胞、その間を取り持つアマクリン細胞など、様々な働きをする神経細胞があります（図2―1）。ここでは各種波長の光情報を受け入れる視細胞と、最終的に網膜から脳に視覚情報を送る神経節細胞について解説していきます。

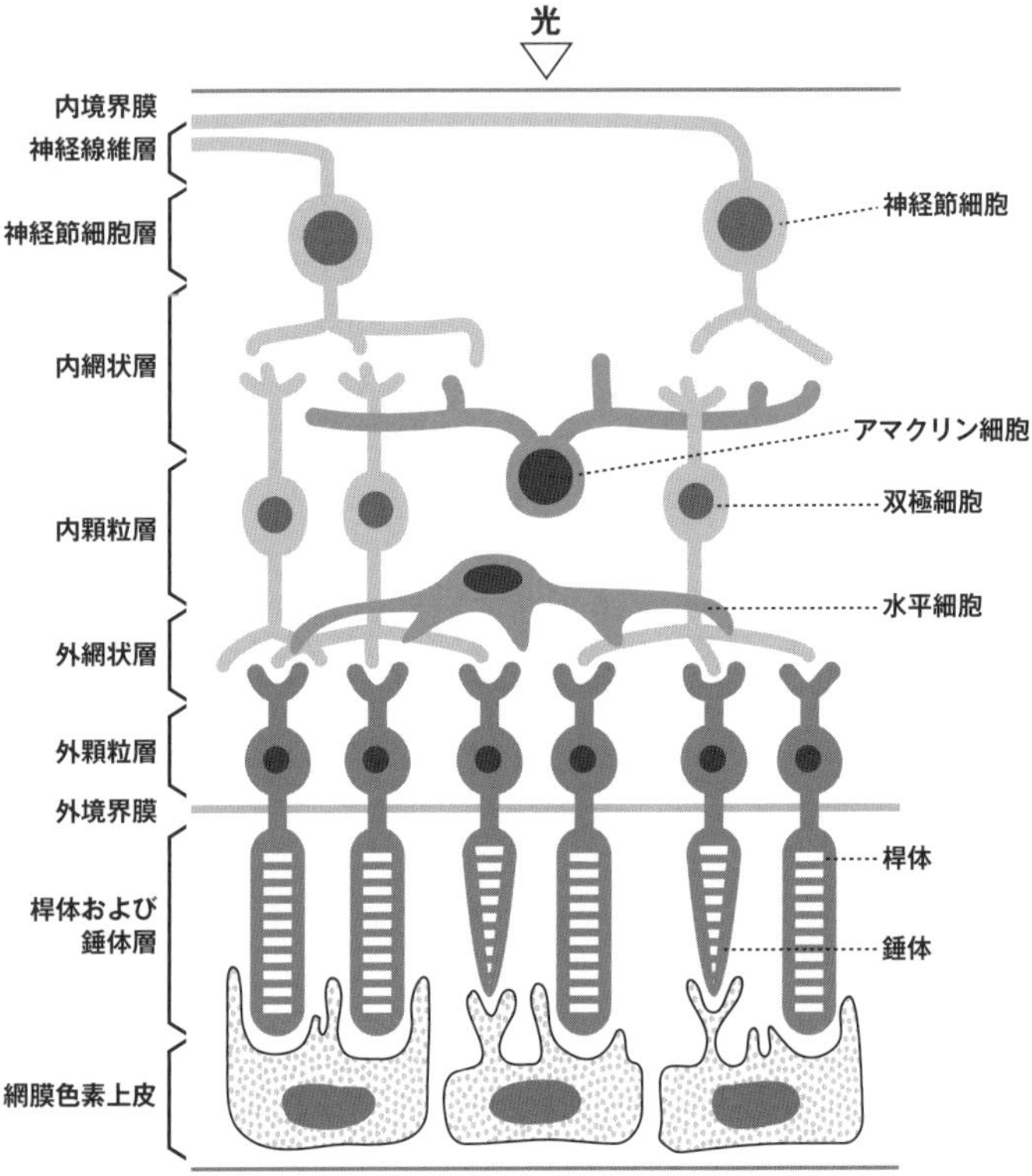

図２－１．網膜の模式図

イナミ・ホームページ（https://inami.co.jp/inamaga/detail/id=1732）より引用・改変。

神経節細胞

人間であれ鳥類であれ、一般的に光情報は視細胞によって受容されます。光刺激によって引き起こされた視細胞の興奮は双極細胞およびアマクリン細胞に伝達されます。その間に水平細胞やアマクリン細胞により光情報の集束など調整されます。最終的に神経節細胞を経て視覚中枢へ送られます。複数の視細胞の興奮が一つのアマクリン細胞や双極細胞に集まる場合もあれば、一つの視細胞の興奮が複数の双極細胞に分散する場合もあります。このことはカラスでも同じと考えられます。いずれにしろ、網膜内で情報の収束と分散が行われた結果を視覚中枢へと伝達することになり、この段階ですでに光情報は統御されたものとなっています。その情報を視覚中枢に送るのが、網膜の表層（硝子体側）に位置する神経節細胞なのです。

そこで、神経節細胞の網膜内での特徴について考えていきます。まず神経節細胞は、網膜の最も表側に位置します。この分布様式からカラスの視覚における特徴が得られないかと考え、細胞の定量化を試みました。その結果、カラスの神経節細胞は約三百六十万個もあったのです。網膜の神経節細胞数は動物によってかなりの差があります。例えばニワトリが約二百五十万個、フクロウが約二百万個と知られています。筆者の知るところでは、総じて鳥類の方が哺乳類より多いのですが（人間は百万個ほど）、その中でもカラスの神経節細胞数は多い方です。

コラム〈1〉

鳥の眼には櫛《くし》がある？

カラスに限らず鳥類全体にいえることですが、鳥の視覚が優れている理由として、網膜の血管がないことが挙げられます。人間の世界では、ある年齢になると網膜にある血管の写真（いわゆる眼底写真）を撮って血管の疲労度を確認します。血管は視細胞より眼房側にありますから、その血管によって一定の光情報が視細胞に到達する前に遮られます。鳥類ではその血管がないため、角膜を通り眼球に入った光情報は、哺乳類よりも多く視細胞に到達するのです。しかし、鳥の網膜は血管によるガス交換も栄養供給も不要というわけではありません。網膜の血管に代わるものとして網膜櫛《もうまくしつ》（櫛状突起）があります。これは、網膜から突出した血管の塊です。走査型電子顕微鏡で見ると、血管が規則的に折りたたまれヒダ状になっていることがわかります。これが後眼房に突出し、それによって栄養の供給やガス交換が行われているのです。

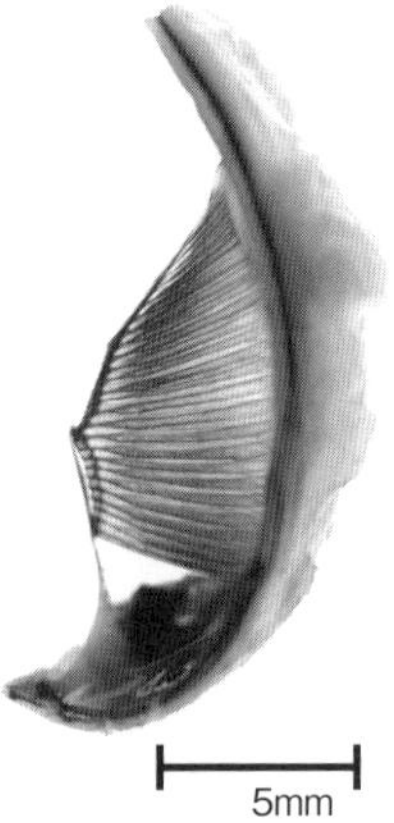

カラスの網膜櫛

中心窩・側頭窩

これらの神経節細胞は網膜内で一様に分布しているのではなく、中心部で最も密度が高く、周辺に進むにしたがって密度が低くなっています。その分布の様子を密度線にすると、天気図の等圧線のように描くことができ、網膜内に高気圧・低気圧のような細胞の分布が表現されます(**図2―2**)。カラスの網膜には、密度が高い(図内で濃黒に示されている)部位が二カ所あります。先ほどの表現を使いますと、高気圧が二つあるのです。

一つは網膜の中心部(中

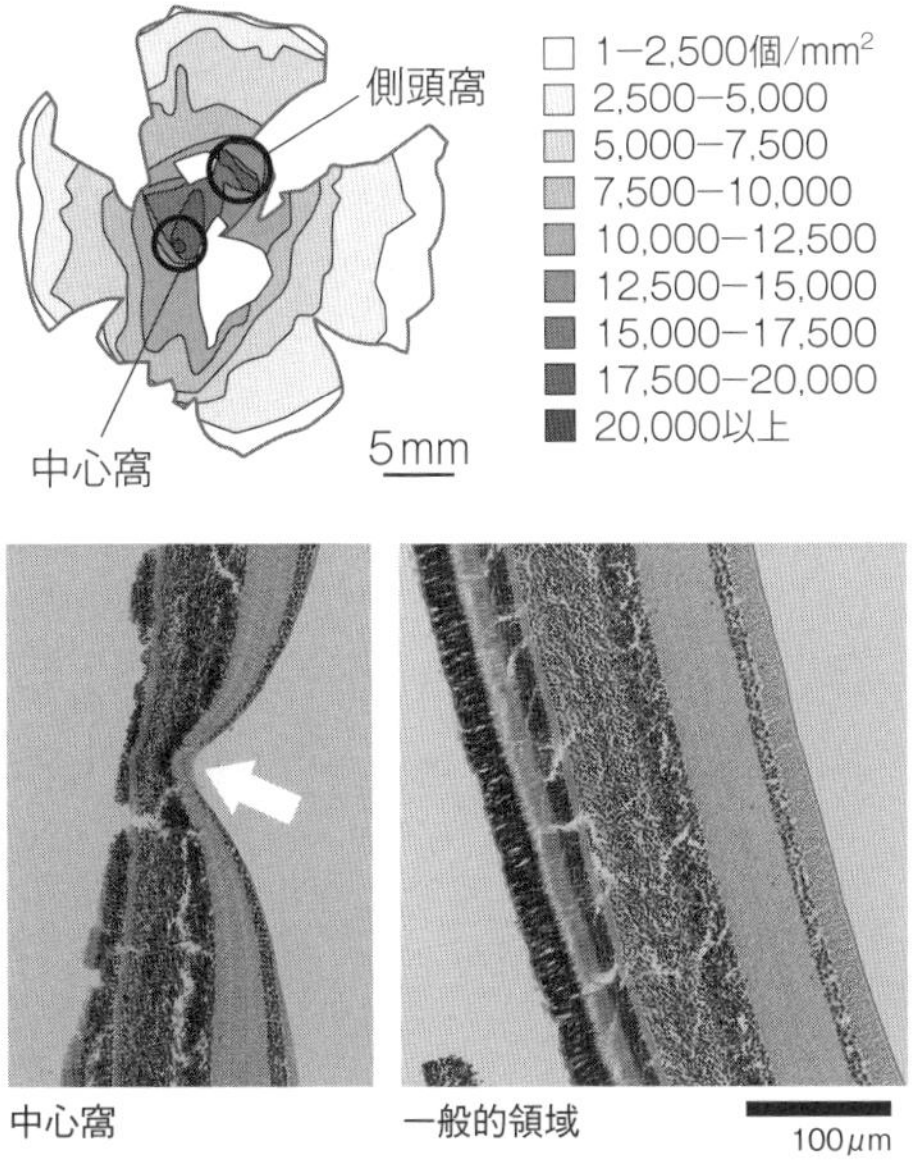

図２－２. 網膜内の神経節細胞の分布
上イラスト：色が濃い部分は密度が高い。天気図の等圧線のようだ。
下写真：カラスの網膜。中心窩は視細胞にできるだけ光情報が到達するように中間の中継細胞層が薄くなっている（矢印）。

心窩）であり、もう一つは中心からやや背内側に位置する側頭窩になります。このような部位の神経節細胞の分布密度は一平方ミリメートルあたり一万八千〜二万個と、かなり高くなっています。一方、網膜の辺縁では一平方ミリメートルあたり二千個と低くなっているのです。カラスの眼球の位置は側頭にあるため、その眼の中心にあたる中心窩が側方を見据えた単眼視をつくり、側頭窩が前方視野の精度を上げることや、距離感など両眼視の機能調整に働いていると考えられます。

カラスが物を注視しようとするとき、横眼で見るような仕草をするときがあります。中心窩で対象物をよく見ようとする行動なのでしょう。カラス以外に中心窩が二つあり視覚の優れた鳥類として、モズ、ハチドリ、カワセミ、ハヤブサが古くから知られています。しかし、すべての鳥の中心窩が二つなのではありません。約半数の鳥は中心窩が一つとも考えられています。また、筆者の知る範囲では、ニワトリのように中心窩がないものもいます。このように、カラスは視覚器の構造からも視覚が優れていることがわかります。

視細胞

角膜や水晶体、硝子体を通過した光は、網膜の神経線維層、神経節細胞層、アマクリン細胞、双極細胞、水平細胞層を貫き視細胞に到達します（図2―1）。光を受ける視細胞が最も奥にあるのです。光情報を最初に受けるのは視細胞ですが、カラスではその数はおおよそ千八百万個であり、神経節細胞の約五倍になります。一般的に視細胞で得られた情報は、網膜内の種々の機能をもつ細胞によって集束・組み合わせが起こり、神経節細胞にまとめて伝達されるため、視細胞よりも神経節細胞の数が少なくなります。ですから、カラスの場合も理にかなった対比と考えられます。

なお、視細胞から神経節細胞までの情報の集束は、視細胞の数に対し神経節細胞数が少ない網膜辺縁で強いのですが、中心窩では視細胞と神経節細胞の数が近いため、視細胞の光波長への反応が比較的そのまま神経節細胞に伝わると考えられています。このことから、中心窩は、網膜の中で物を見る精度が最も高いことになります。網膜周辺に進むにつれ、視細胞に対する神経節細胞の数が少なくなり、情報の集約度が高く、精度は低くなる傾向にあるのです。また中心窩は、情報の集約がないぶん双極細胞などの細胞層を極端に薄くして光の透過をよくしているため、窪んでいることも特徴的です（図2―2）。

油球と光波長

油球は視細胞の細胞体にある細胞内小器官です。光は視細胞の中にある油球を通過し、視細胞の外節にたどり着くのです。外節には視物質として特定の波長の光に反応するオプシンというタンパク質があり、このタンパク質とレチナールが光刺激を受け生化学的変化をすることで、光波長特有の細胞興奮に変わります。カラスの場合、オプシンは四種類あり、それぞれに特定の光波長に反応する閾値をもちます。そのため、光がオプシンに到達する前に閾値内の光だけを通すフィルター機能をもった油球という構造が、細胞内小器官として存在します。つまり、油球は視細胞がもつオプシンをよく働かせる光波長だけを透過させ、それ以外の成分をカットするように働いているのです。

後に紹介しますが、青、緑、黄色、赤、透明など様々な色彩の油球があります。色の素はカロチノイドです。大きさは十数マイクロメートル程度で、名が示すとおり球状です。ですから、凸レンズと同じく、集光の働きもします。したがって、油球は色覚を豊かにするためのインターフェースとして位置づけられるのです。油球は中心部で小さく、網膜周辺部では同じ色の油球でも大きく、密度も中心部が高く周辺では低くなっています。

ところで、様々な色を呈する油球の割合は、鳥の種によって異なることもわかっています。

筆者の研究室で調べたところ、カラスの油球は透明、青、緑、黄、赤の数が基本的に同じ割合なのですが、スズメ、ムクドリ、ヒヨドリでは緑系が、カモでは黄色の油球が優位を占めていることが明らかになりました。このことは、鳥によって得意とする光波長が異なることを示唆しています。すなわち、それぞれの食性に応じ、餌となる木の実や果実の色を見分けるために、色覚にも個性的な戦略を有している可能性があるのです。一方、カラスでは各色の油球がバランスよく存在しています。それは、雑食性であるゆえ、各種波長の組み合わせを均等にしているためと考えています。

なお、これら油球の存在と大きくかかわるのですが、カラスがどのような波長の光を特に利用するのか、興味がもたれるところです。この点は、視細胞にある光受容タンパク質であるロドプシンとオプシンの種類によって決定されます。これまでいくつかの鳥類でこれら光受容タンパクが同定されていますが、カラスでは解明されていませんでした。そこで筆者らは、ｃＤＮＡ[注1]からカラスのロドプシン・オプシンの同定を行いました。その結果、ロドプシン（*Crow RH1*）、緑色光感受性オプシン（*Crow RH2*）、紫外光感受性オプシン（*Crow SWS1*）、青色光感受性オプシン（*Crow SWS2*）、赤色光感受性オプシン（*Crow LWS*）が同定され（それぞれ三百五十一、三百六十五、三百四十六、三百七十一、三百五十五のアミノ酸）、この結果から、カラスの光受容タンパク質はロドプシンを含め五種であることがわかりました。これに基づいて、それぞれのオプシンが対応する光波長を考えると、三百六十ナノメートル（紫外線）、四百四十ナノメートル（インジゴ）、五百五ナノメートル（緑）、五百六十ナノメートル（黄緑）となります。

紫外線視

カラスが紫外線を認識できることは、これまでに紹介した実験からもわかることですが、組織学的には明らかになっていません。その確認と応用を含め、紫外線受容細胞の免疫組織学的同定や行動実験を行いましたので、それについても紹介します。

・紫外線反応視細胞の同定

少し専門的な内容になりますが、研究者になったつもりで読み進めてください。

まずはカラスを暗室で飼育します。紫外線に曝露させ、視細胞が刺激に対して反応した際に細胞内で合成されるｃｆｏｓと呼ばれるタンパク質を、免疫組織化学的手法で可視化する方法を用いました。つまり、紫外線に曝されたカラスの視細胞には反応が見られ、そうでないものには反応が見られないことになります。実験は暗室下で、三百六十五ナノメートルの紫外線ランプをカラスに照射しました。刺激を受けた細胞がｃｆｏｓを生産するのが二十〜三十分後といわれていますので、そのタイミングで動物実験指針[注2]に基づいた適正な処理を施してから網膜を剥離し、免疫組織化学的処理を行いました。その結果、紫外線を照射されたカラスの網膜の視細胞にはｃｆｏｓが発現していたのです（口絵2―1、4ページ）。

当然ですが、紫外線も照明もない暗室では視細胞は反応せず（口絵2―1〈左〉）、中枢からたえず信号を受ける中継層と、そこからさらに信号を受ける神経節細胞が可視化され、黒い顆粒として見えるだけです。一方、紫外線曝露と照明下では、最上層の視細胞も反応していることがわかりました。さらに、照明下ではすべての細胞層が強く反応していましたが（口絵2―1〈右〉）、紫外線照射下では紫外線固有の波長に反応する視細胞にのみｃｆｏｓが発現しますので、比較的弱い反応になりました（口絵2―1〈中央〉）。こうして、カラスの網膜が紫外線を感受していることを確認できたのです。

このような結果から、カラスが紫外線を含め四種の光波長で色覚の世界をつくっていることがわかりました。彼らの色覚は、赤、緑、青の三原色に加え、紫外線を感知する四原色で成り立っているわけです。その意味では、これまでに明らかにされている鳥類の色覚機構とさして変わる結果ではありません。

しかし、油球のところで述べたように、各種の鳥類において油球の色の割合や種類が異なることから、色の選択性には鳥の種によって偏りがあり、それが色覚の特性として現れている可能性があります。個々の種について光波長の感受性を把握することは、鳥害対策などにつながるともいえます。この結果を踏まえて、彼らが紫外線を利用できなくなると、どんなことが起こるかという点について実験を行うことにしました。

・紫外線視の応用学的実験

紫外線も含め、カラスの視覚の世界は四原色であることがわかりましたから、その原色の一つである紫外線をカットしたら色盲か色弱になるのではと考え、それを確認する実験系をいくつか組むことにしました。

まず、暗室を紫外線が出ない照明環境にして、その中に三・五×三・〇×二・五メートルの檻をセットし、カラスを飼育しました。照明環境を整えるため、部屋には窓がありません。そんな環境で生活したことのないカラスですから、馴致させるため普通照明下で数日飼育しました。実験の餌はお肉系にしたかったので、それが好きなハシブトガラスを用いました。

いよいよ実験本番です。檻の中には精巧にできた偽のハムと本物のハム、あるいはウインナーソーセージ、唐揚げなど（図2―3）、本物と偽物の餌を少し離してセットし、選択実験を行いました。餌の場所を左右入れ替えるなどして、一日十試行（十回）を行いました。カラスは一・

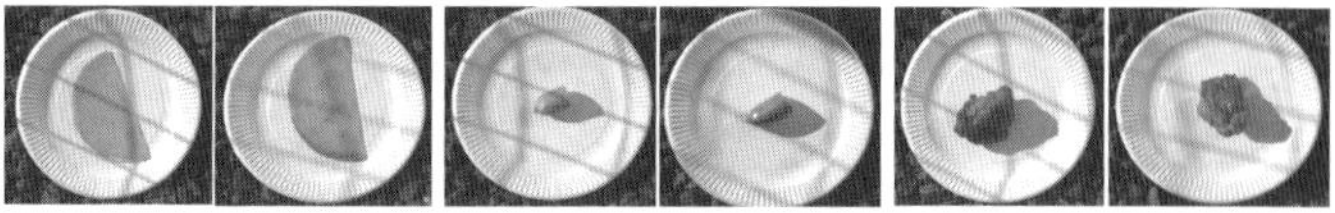

図2－3．紫外線視の応用学的実験に用いたロースハム・ウインナー・唐揚げ（左が本物）
紫外線をカットすると繊細な色彩の区別がつかなくなるようで、正答率が低下した。

五メートルくらい離れた止まり木で餌を待ちます。餌のセットを終え人間が檻から出ると、カラスは瞬く間に餌をめがけて飛び降りてきます。このような仕掛けで普通照明と紫外線カットの場合の反応とを比べるわけです。

すると、普通照明では、止まり木にいる時点でどちらが本物でどちらが偽物かを見抜いているようで、一直線に本物に食いつきます。十試行中九回は成功です。もちろん、全く間違えないカラスもいます。ところが紫外線を出さない照明に変えると、正解率が五〇～六〇パーセントに落ちるのです。私たちの目にはわからないのですが、紫外線がなくなった場合、繊細な色彩の区別がつかなくなるようです。

ところで、カラスが黄色いごみ袋に寄り付かない理由として、黄色はカラスにとって嫌な怖い色であるからとしばしば思われているようです。しかし、それは大きな間違いです。後で説明しますが、カラスには怖い色とか嫌いな色はありません。黄色いごみ袋が意味するのは、紫外線を吸収してカラスにごみ袋の中の生ものなどを見えなくし、興味を失わせる機能です。黒い袋を使っていた時代のように中身の想像ができず、ごみ袋に強い魅力を感じなくなった結果、寄り付かないのです。カラスは黄色によっていわゆる色盲状態になり、餌に魅力を感じなくなるわけです。

3 行動学的アプローチ

視覚を研究するには、視覚器の構造を調べる解剖学的なアプローチと、いろいろな波長の光を見せてどれだけ見えているのかをカラスの動きから探る行動学的なアプローチがあります。行動学的手法では、カラスに光が見えているかどうかを判断するのですが、「今、ランプに光がついていますか?」とカラスに聞くわけにはいきません。

この実験は人とカラスを比較するために双方同じ条件で行いました。人とカラスが同じ暗闇の中、一・五メートル離れたＬＥＤライトの光が見えるかどうかを調べるのです。電源のエネルギー出力を徐々に下げていき、見えなくなったところで「先生、見えなくなりました」と答えてもらいます。このような手法で光感度を測るのですが、カラス相手に見えるか見えないかを聞き出すのはなかなか難しいことです。

予備実験

まず、カラスに答え方を学習させることからはじめます。学習の行程を簡単に示すと、環境に慣れさせるため、実験用の檻に移して三日ほど飼育します。その中には餌箱二個を五十センチメートルほど離してセットし、どちらからも餌が取れるようにします。四日目からはカラスに提示する二つの装置のうち、片方に餌を入れてＬＥＤ光を点灯させます（正解）。もう一つの装置には餌を入れず、ＬＥＤ光を消灯させたままにします（不正解）。この二つの装置をカラスに提示しました。カラスがどちらか一方の装置を選択したことを確認したのち、装置を引き上げるのです。この試行を一日十五回実施し、カラスに正解の装置からのみ餌が得られることを学習させました。一日の正解率が百パーセントに達した段階で、そのカラスの学習が成立したと判断し、本格的な実験に移します。

とはいっても、カラスには出来不出来の個体差があります。学習が成立するまで、何日もこの試行を行いました。不出来なカラスでは一週間もかかりました。研究室で行った別の実験から、短波長の光の方が学習効率は高いということがわかっていたため、この予備実験では本実験で使用する可視光域の波長のうち、最も短い四百七十ナノメートルを使用しました。

いよいよ実験

実験のルールを覚えたカラスはいよいよ本番を迎えます。本番は一種類のＬＥＤライトにつき、三日間かけて行いました。五種類の波長のＬＥＤを使ったので、単純に考えると十五日間の実験ですが、人間と違ってせっせと働いてはくれません。何を思うのか、全く動かない日もあります。また、実験は一羽や二羽では済みません。やはり根気がいる長期戦の仕事になります。それをやってくれたのはＹさんという学生です。

方法は予備実験と同様です。カラスに提示する二つの装置のうち、ライトがついている方を正解、もう一方を不正解とします。この二つを木枠に設置し、カラスに提示します。カラスがどちらか一方の装置を選択したことを確認したのち、装置を引き上げて次の試行の準備をします。これを繰り返しながら、正解の装置の光の強さを下げていきます。どの強さの明るさまでなら認識できているのかを評価するための実験ですので、光が見えているかどうかをその行動から見極めなければなりません。

具体的な方法として、カラスの選択が正解であった場合、次の試行で点灯させる光の強さを二段階下げたり、不正解を選択した場合は一段階上に戻したりして、カラスの行動にあわせて光の条件を細かく調整します。一日ごとに光の変化の幅を狭めていき、カラスが認識できる最小の光の強さの値を求める努力をするのです。

表2－1. カラスが認識できた最小の放射線輝度の平均値

波長（nm）	放射輝度（mW/sr・m²）
365（紫外線）	0.64（＿）
470（青系）	1.95（1.76）
568（黄緑系）	4.17（1.32）
630（赤系）	1.48（0.97）

値が小さいほど弱い光が見えている（感度が高い）
（　）内は人の数値（紫外線は認識不能）

・カラスはどの色に敏感か

実験の仕掛けもでき、カラスにルールを学習させることもできたので、彼らがどのような波長に対して感受性が強いのかを確かめました。根気がいる作業ですし、暗室やらLEDライトを装着した餌箱の設置やら、特殊な仕掛けが必要になります。そんなに多くのカラスを相手にはできませんので、都合三羽を用いました。

カラスたちが認識できた最小の放射輝度（mW/sr・m²）の平均値は、波長三百六十五ナノメートル（紫外線）では〇・六四、四百七十（青系）では一・九五、五百六十八（黄緑系）では四・一七、六百三十（赤系）では一・四八でした（**表2―1**）。輝度の値が小さいほど、弱い光でも見えていることを意味します。

つまり、カラスは各波長のLED光に対して、波長三百六十五ナノメートル（紫外線）、六百三十（赤系）、四百七十（青系）、五百六十八（黄緑系）の順で感度が高いのです。また、最も感度が高かった波長三百六十五ナノメートルは、二番目の六百三十の約二・三倍、三番目の四百七十の約三倍、最も感度の低かった五百六十八の約六・五倍も感度が高いのです。さらに、この各種波長への感度を人と比べると、三百六十五ナノメートルの紫外線の場合、人では最大の出力でも認識できないのですが、カラスでは〇・六四放射輝度の出力で感知されたのです。一方、四百七十、五百六十八および六百三十ナノメートルでは、人のそれよりやや劣るという数値になりました。

この結果から、カラスは波長四百七十、五百六十八、六百三十ナノメートルの可視光域の波長に比べ、三百六十五ナノメートルの紫外線に対する感度が顕著に高いことがわかりました。これは、カラスと同じ昼行性の鳥であるソウシチョウの行動実験の結果とも類似しています。紫外線を認識できる鳥類の多くは、果実や昆虫の紫外線反射を利用した採食行動、つがいの相手の選択、社会的順位付けなどを行っていることも明らかとなっています。このように紫外線の利用は、鳥類の生活において重要な役割を担っているとされています。カラスもまた、採食行動の際に紫外線の反射光を利用していることが十分に考えられます。なお、他の実験で四百十ナノメートルの光源についてカラスと人との相違を調べたところ、カラスは人の十四倍の感度がありました。このことからも、紫外線を含む青・紫などの短い波長の光を認識する感度が高いと考えられます。

この光感度のシリーズ実験とは違うのですが、カラスに人の顔写真を覚えさせる実験でも、色覚視について興味深い動きを示してくれました。人の顔写真を覚えさせる実験は、カラス研究の当初から取り組んでいるため、手法的にも安定していました。屋外、屋内と様々な条件下で行っていました。写真はもちろんカラー写真を使っていました。普通、カラスは二〜三日でどの人の顔写真を突くと餌にありつけるかを学習できるのですが、ある日、そうやって覚えた顔写真をモノクロにして同様の実験をしてみました。すると、実験のどのカラスも正解を当てることができなかったのです（第7章参照）。カラスにとって紫外線はもちろん大事ですが、他の色彩情報も欠くことができない要素なのでしょう。

4 学習効果に影響する波長

カラスの光波長に対する感度について述べてきましたが、学習の面からも光波長とカラスの色覚という分野の研究に取り組んでみました。カラスが各種の波長へどんな興味をもつか、当たりをつけたい思いもあり、前述の感度を調べる実験よりむしろ先に行ったのです。

用いた光源はLEDライトで、三百六十五、三百七十五、四百六十五、五百五十五、五百八十五、六百九十五ナノメートルの六種類の光波長を用いました。この段階では放射輝度を測定する術がなく、市販のLEDを電池とつないで餌箱に装着した、簡単な仕掛けです。各種波長を用いたオペラント学習（光がついていて突くと餌にありつける餌箱、光がついていなくて餌が得られない餌箱の二者択一）には、波長ごとに三羽のカラスを使用しました。餌箱を置く位置を入れ替えながら一日十回の選択実験を行い、正解の餌箱を九回選んだら学習が成立したと評価しました。

その結果として、学習が成立するのに要した日数を平均で示すと、波長が短い順に五・七、五・〇、四・七、七・三、十・三、六・三日となり、青系、紫外線、赤系、緑・黄系の順で学習の成立が早いことがわかりました。また、学習成立後の五日間の継続した正解率は、三百六十五ナノメー

表２－２．学習が成立するのに要した日数と学習成立後の継続的な正解率

波長（nm）	日数（平均）	５日間の正解率（%）
365（紫外線）	5.7	88.3
375（紫外線）	5.0	93.6
465（青系）	4.7	94.3
555（緑系）	7.3	82.7
585（黄系）	10.3	85.0
695（赤系）	6.3	88.3

トルから順に、八十八・三、九十三・六、九十四・三、八十二・七、八十五・〇、八十八・三パーセントとなり、やはり紫外線や青系の高成績の持続性が高い結果になりました（表2―2）。

このことからハシブトガラスは、紫外線（三百七十五ナノメートル）や青系（四百六十五）の短波長の光で学習が成立しやすく、緑（五百五十五）や黄色（五百八十五）の中波長では成立が遅くなることがわかりました。この結果は、光感度の実験で黄緑系において感度が低かったことと合うように思います。人間の生活においても、光の種類によって安らぎの度合いや脳内ホルモンの分泌が異なるといわれています。カラスの実験結果が人間に当てはまるかどうかはわかりませんが、学習効率が上がる照明もあるのではないかと思います。

このように筆者らのいくつかの実験から、カラス

は光の波長によって感受性が異なる可能性は示唆されたものの、色の嗜好性についてはいまだ明らかにできずにいます。

〈注1〉cDNA…mRNAと相補的な塩基配列をもつ一本鎖DNA。mRNAなどを鋳型として、逆転写酵素を用いて合成クローン化し増やす。

〈注2〉動物実験指針…「動物の愛護及び管理に関する法律」の遵守の精神に基づき、動物実験をする場合、動物に必要以上のストレスを与えないよう、研究機関ごとに設けられた動物の取り扱いに関する決まり。

第3章

カラスの味覚

1 味蕾《みらい》探しの研究

味覚受容といえば味蕾、味蕾といえば舌というように、解剖学的には用語の連鎖があります。舌は味を感じる味蕾を豊富にもつ感覚器であるとともに、咀嚼や嚥下にかかわる運動器です。そのため哺乳類では、浅縦走舌筋、深縦走舌筋、横走舌筋、垂直舌筋など、動きにあわせた舌固有の筋が発達し、舌を丸めたり厚くしたりと自由に変化させることができます。ところが、哺乳類と違って鳥類には歯がないため、咀嚼を行わず餌を丸のみします。したがって舌筋の発達も悪く、先の方は細く角化した板状になっている場合が多いのです。

このような構造から、鳥には味覚がないのではと考えられがちですが、『鳥たちの驚異的な感覚世界』（ティム・バークヘッド著、沼尻由起子訳）によれば、鳥類の味蕾の存在は一九〇四年にスズメで確認されているようです。もちろん、それ以前にも行動学の視点から、鳥も味はわかると考える人はいましたが、味蕾の存在は確かめられていなかったようです。

その後、オランダ・ライデン大学のヘルマン・ベルクハウトが、いくつかの鳥類で味蕾の数まで調べた論文を発表しています。それによると、ニワトリが約三百個、カモは約四百個、オウムは三百〜四百個となっています。ちなみに人間は約一万個、ブタは約一万五千個なので、それらに比べると少ないのですが、味覚センサーである味蕾は多くの鳥にも存在しています。ただ、鳥の食性や採食行動によって、味蕾の分布する部位が異なります。例えばマガモは、嘴の先端や上顎、下顎にも味蕾があるとされています。

そこで、私たちもカラスの味蕾探しをはじめることにしたのです。ただ、いきなり味蕾に照準を当てても全体像がつかめません。また、後ほどわかってきますが、味蕾は哺乳類と違って舌には見られず、口蓋や口腔内粘膜に存在していますので、舌の解説もしながら、みなさんをカラスの口腔へとご案内します。

2 見た目の舌

カラスの舌は、舌尖《ぜっせん》、舌体、舌根に大別されます。舌尖は細く、舌体の後部に進むにつれて幅が広がり、全体としては矢尻型です。おもしろいことに、最先端が二つに割れています（図3―1）。表面は角化して滑らかに見えます。舌尖から舌体後部までは約三センチメートルで、舌体後部の幅は一センチメートルです。

後方三分の一付近には、舌隆起という円形の膨らみがあります。舌体の後縁から舌根に向かっ

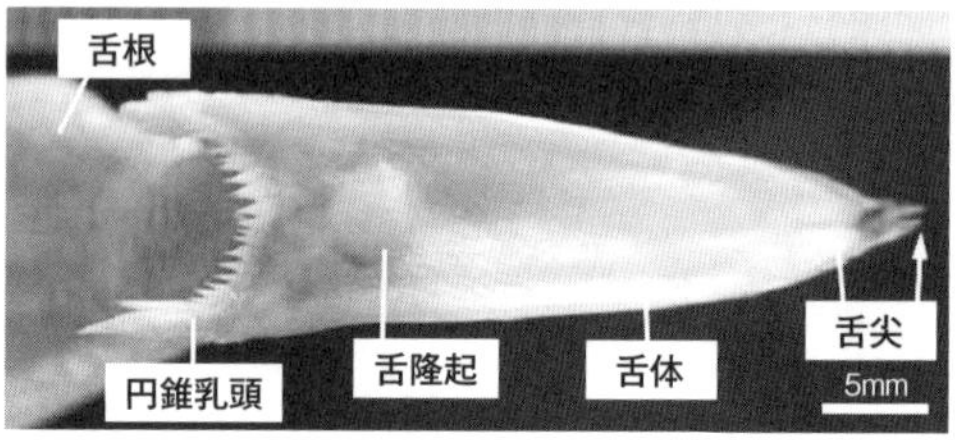

図３－１．カラスの舌
舌尖、舌体、舌根に大別され、矢尻型で最先端が２つに割れている。

て、円錐乳頭と呼ばれる、先端が尖った長さ一ミリメートルほどの突起が多数見られます。円錐乳頭の中でも舌後部の両端付近のものが大きく、三ミリメートル程度と他より突出しています（図3―2）。

後に作製した薄切組織を顕微鏡観察することでわかったのですが、円錐乳頭の角化層の下には触覚感覚器であるマイスナー小体が確認できました（図3―3）。マイスナー小体は、感覚の中でも触覚・圧覚の受容器です。円錐乳頭はせいぜい口に入れたものをこぼさない仕組みくらいにしか見えなかったのですが、咬んだ食べ物の硬さや柔らかさでも感じるのでしょうか、触覚の機能もありそうです。また、舌根部は角化組織ではなく、表面は粘膜上皮でその下は筋組織のため、舌の突き出しや嚥下の際の飲み込みといった柔軟な動きができるようになっています。

舌の研究はまず、表面の構造をしっかり見ることからはじめました。ただ、肉眼では見えるものに限界があります。より微細な表面を観察するためには、実体顕微鏡と走査型電子顕微鏡が武器になります。

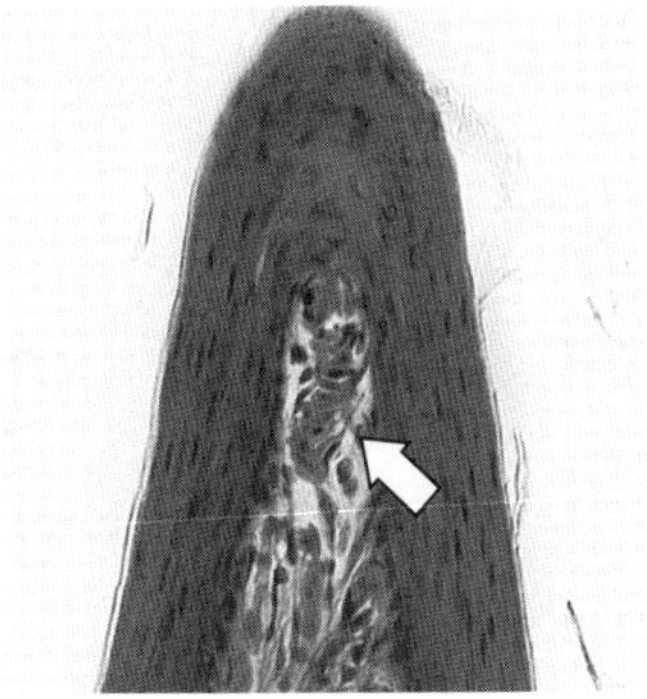

図３－３．舌の角質下に確認できたマイスナー小体（矢印）
200倍に拡大した顕微鏡写真。

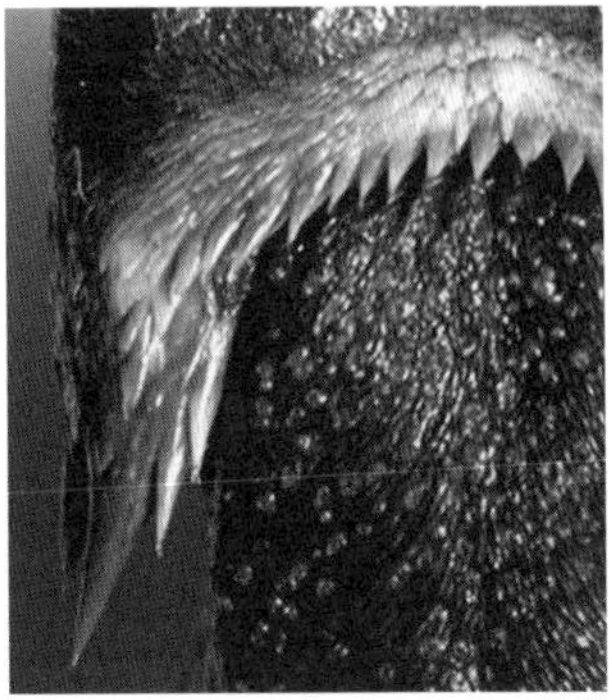

図３－２．舌体後縁の円錐乳頭
9倍に拡大した顕微鏡写真。

顕微鏡で見る舌

肉眼ではツルツルした舌表面も、実体顕微鏡で拡大してみると規則的に並んだ構造物や突起がたくさん見えてきます。舌の先端は肉眼で見たように明らかに二つに分かれていて、その縁には小さな小さな突起が確認できます。その後方の舌表面には、規則的に刈り込んだ芝のような突起があり、びっしり表面を覆っています。肉眼でもよく見えた舌体後縁の円錐乳頭はさらに迫力を増して、サメの歯列を思わせる様子で突出しています（図3－2）。これを見て、鳥類の舌の発達はよくないなんて思っていたのが間違いであることに気づかされました。

この段階ではそれぞれの働きこそわかりませんが、機能に見合った形を示すのが生命体です。舌の観察によりいっそう意欲がわいてきます。舌の観察の主力は中国からの留学生Rくんです。ここで紹介する舌の実態は、彼のカラスの舌にかけた情熱の結晶です。

さて、観察の眼をどんどん細部に向けていきます。舌の先端で見えていた突起の先は、さらなる小さな突起に分かれていました。ススキの穂が分かれていくようなつくりです。一方、舌体は表と裏で様子が異なります。表面は多角の角質化した上皮細胞が覆っていますが、よく見ると無数の細かい繊維が絡み合っているような凹凸があります。一方、裏面は角質化し、平面が滑らで多角の扁平上皮細胞が連なって表面を形づくっています。口腔から食塊が滑り落ちるのを防ぐため、舌の表に複雑な凹凸をつくっている可能性はありますが、明確な機能はわかりません。さらに、舌体後縁にサメの歯列のように突き出ている小型の円錐乳頭にはマイスナー小体が確認され、触・圧を感じる仕組みが舌にあることがわかったのです（図3—3）。

哺乳類の歯茎には圧覚や噛みごたえを感じる機能があるのですが、咀嚼をしないカラスでは食塊を喉に飲み込む前に、これらの乳頭で咬みごたえならぬ「飲み込みごたえ」を感じているのかと想像してしまいます。ちなみに、哺乳類の乳頭では、味蕾が存在する味蕾乳頭とそれが存在しない機械乳頭があります。機械乳頭はいわば、口に含んだ食塊を滑り落とさない物理的な働きをすると考えられます。それらは糸状乳頭や円錐乳頭と呼ばれるものです。一方、味蕾乳頭は文字どおり味蕾をもつ乳頭で、有郭乳頭、茸状《じじょう》乳頭、葉状乳頭と呼ばれる、形も大きさも異なる種類があります。

ところで、鳥類の舌は食性によって形態がだいぶ異なります。例えば、草や種子を食べるニワトリやキジの舌尖は尖っています。一方、カルガモやハクチョウでは丸みがあるかヘラ状です。また、蜜を採集する鳥は先端が細長く、花粉を採集する鳥では先端に多数の突起を有するなど、対象になる餌によって多様に進化したものと思われます。さて、カラスの舌の形状ですが、先端が二つに分かれる点や円錐乳頭の配置を見ると、ハヤブサやオオタカなど肉食の鳥類と似ています。ただ、舌隆起や粘膜下にある結合組織の一部が草食の水鳥のものと類似しているなど、カラス特有の特徴もあります。カラスの舌は、雑食に適応した構造をしているのかもしれません。

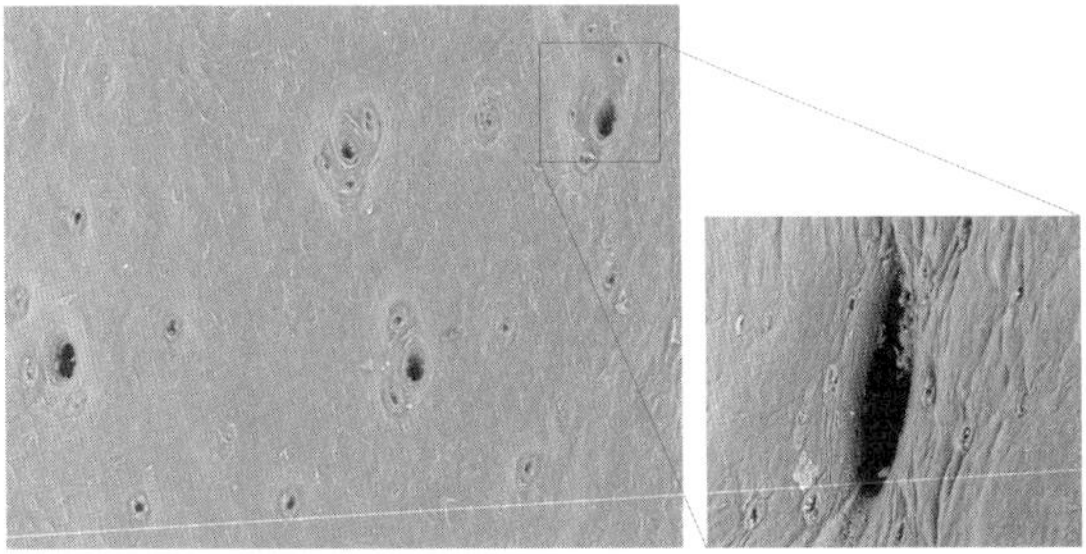

図３－４. 唾液を出すための孔

左：7 倍、右：50 倍に拡大した顕微鏡写真。

舌体より後方は、舌根と呼ばれます。この部位は筋組織を含み可動機能があるのですが、表面は角化がみられず粘膜上皮で覆われ、かつ唾液の分泌が盛んな場所です。したがって、走査型電子顕微鏡で見ると、表面には唾液を出すための孔がたくさん確認できます（図3―4）。孔の大きさは五十～百マイクロメートルと幅があります。おもしろいことに、その周辺に味蕾があります。唾液腺の開口部周辺に五～十マイクロメートルの小さな孔が見られますが、これを味孔《みこう》といい、味物質は味孔からその下にある味蕾の味細胞に達し、その上端の微繊毛により感受されます。組織を切り出して味蕾と唾液腺の関係を探ると、舌表面下では唾液腺と味蕾が隣接する様子が観察できます（**図3―5**）。味を知覚するには唾液や水分が必要です。このようなつくりを考えると、味孔が詰まって味物質が味蕾に届かなくなることを防ぐ働きが、唾液にはあるのかもしれません。

ところで、鳥では人間で見られる舌下腺、顎下腺、耳下腺と呼ばれる大唾液腺はありません。口腔の粘膜下に広く分布し、上顎にあれば口蓋腺などと名称がつきますが、そうではないため、

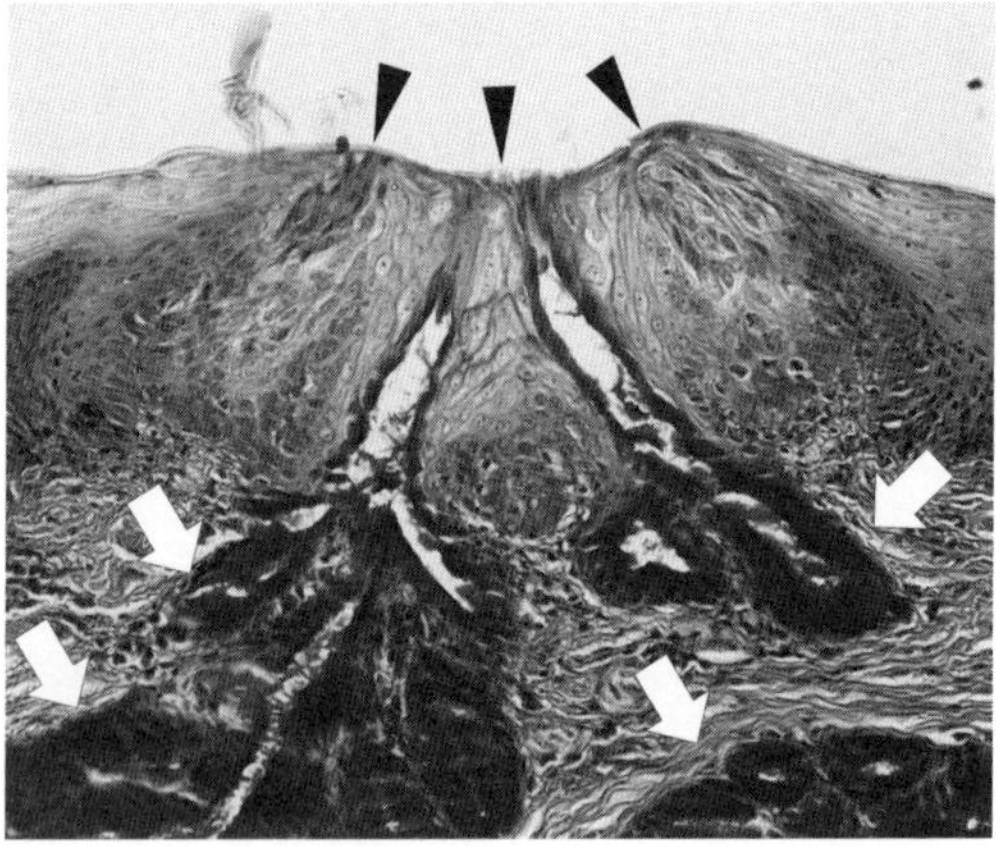

図3－5．味蕾（矢頭）と唾液腺（矢印）は近くにある
160倍に拡大した顕微鏡写真。

総称して小唾液腺が主な唾液腺として機能します。唾液腺の周辺に味蕾があるとすれば、カラスの場合は口腔内の舌以外の部位にも味蕾が存在することが考えられます。そんなことから、視点を口腔に広げながら味蕾の分布に迫っていくことにします。

3 口腔を覗く

鳥の嘴は先が尖っているため、覗き込むだけでは中の様子はわかりません。やはり、解剖というアプローチが必要です。できるだけ口腔の全体を観察するため、上顎部、口蓋部、下顎部、舌体部に分けて走査型電子顕微鏡でくまなく撮影しました。その写真から腺の開口部、周囲の味孔をプロットする方法を取り、味蕾と舌腺の数的なデータを集めました。また必要に応じて、組織標本をつくって顕微鏡で味蕾と唾液腺の確認も行いました。

上顎

上顎を見ますと、嘴の先端から約四センチメートル後方、口蓋の最前部にあたる部位に直径約百五十マイクロメートルの単门上顎腺の開口が見えますが、その周辺には味孔は見られませんでした。鳥特有のつくりですが、後鼻孔という前後に長い間隙によって、哺乳類でいう口蓋が中央で二分されています（口絵3―1、4ページ）。気道がいきなり口腔上部に開口しているのです。哺乳類の場合は咽頭腔で気道と食道が合流しますが、鳥では咽頭に相当する空間が欠けているため、いきなり下顎の喉頭入口を経て気管につながっています（口絵3―2、4ページ）。

食べ物を嚥下する際は反射的に喉頭入口のヒダを閉じ、食べ物が気管に入らないようになっています。ところで、その特有の口蓋ですが、多くの円錐乳頭が存在していることがわかっています。特に後鼻孔の左右に、大きめの円錐乳頭が裂隙に沿って見えます。食塊の逆流防止の物理的な働きがあるとされていますが、口蓋の粘膜下層にヘルプスト小体も確認でき、口腔内に含んだ食べ物の硬さや弾力など、圧覚や振動感覚にも働いている可能性を感じます。

後鼻孔、円錐乳頭という特殊な口蓋の様子とは別に、周辺の多くの組織は粘膜上皮で覆われています。その上皮には舌根部でみられたように、比較的大きな孔とその周辺に小さな孔が見えてきます（図3―4）。やはり、大きな孔は百マイクロメートル強、小さな孔は約十マイクロメートルです。孔の正体を確認するべく、組織標本をつくり顕微鏡で観察したところ、やはり唾液腺と味蕾が確認できました。味蕾そのものは、味孔の奥に四十五～百マイクロメートルの大きさで潜んでいます。すべてではありませんが、唾液腺開口部があるところに味蕾ありの感です。

下顎

次に下顎部の観察に入ります。舌は下顎と一体となっていますが、舌はすでに紹介済みですので、ここでは舌の下に隠れて見えない部分について解説していくことにします。

舌の下は口腔底と呼ばれます。私たち人間でいえば、下顎の骨と喉仏の間で、押せばへこむ柔らかい部分の話になります。その先端に前顎下腺という唾液腺の開口部があります。開口部は紡錘形をしていて、長軸は約二百五十〜二百八十マイクロメートル、短軸が六十マイクロメートルを示し、これまで解説してきたなかで最も大きな開口部となっていました（図3―4）。その周辺に約十個の味孔があり、これも今までの部位に比べ多いのです。当然、顕微鏡でその下層を見るのですが、やはり味蕾はたくさん見つかりました。

舌根

さて、上顎・下顎を見てきたわけですが、最後に舌根部を観察します。舌根部は、舌体後縁の円錐乳頭を境にして、その後方から喉頭入口前縁に至る領域を示します。この部位の粘膜にも多数の唾液腺開口部が見られ、その周辺には五~六個の味孔がありました。しかし、他の場所で見られた味孔の分布とは異なり、腺の開口部により近い位置に分布が認められました。

味蕾の数・場所

観察に使用したハシブトガラス四羽における口腔内の味蕾の数は、平均で約五百三十個であり、ニワトリの三百個やカモの四百個よりも多いことがわかりました。この数は、人の約一万個、ブタの約一万五千個に比べれば少ないのですが、機能性をもっていることが考えられます。一方、哺乳類とは異なり、舌体そのものに味蕾はありませんでした。哺乳類では、味蕾は舌体背面にある有郭乳頭、葉状乳頭および茸状乳頭の一部として存在します。しかし、カラスにおいては組織学的に見れば舌体背面は角質化していて腺や乳頭の形成もないのですから、味蕾がないのも道理にかないます。

味蕾が存在する場所は、動物の種や生活様式でだいぶ異なります。地上生活をして餌を咀嚼する哺乳類の場合、味物質が咀嚼により口腔に出て、舌の動きが味物質へのさらなる接触を促すため、味蕾は舌に集約されています。一方、ナマズでは口腔の外の口周辺や体表全体に約十万個の味蕾が存在するといわれています。水流からいち早く味物質を感じるようになっているのです。そしておそらく有害な成分を感知するため、体の先端である口周囲に位置するという進化を遂げたものと考えます。また、ハエや一部の昆虫では足の裏に味蕾をもっています。

それでは、カラスの味蕾について考えてみましょう。少なくともカラスは咀嚼をしません。味物質が咀嚼によって餌から押し出され、その味を舌で混合しながら確認する機会がないため、舌に味蕾が存在しなくてもさほどは困りません。しかし、微細な味がわからなくても、採食時の口腔内に入れる物質の嗜好性や有害性を判別するのに必要なセンサーになります。

さて、味といえば、人間の物差しで考えると甘味、酸味、塩味、苦味、うま味が五基本味とされています。これは、あくまで人間が感じる味覚の分類であり、カラスが脳内でこれら五つの味をどう識別しているのかはわかりません。また味覚の精度としても、数値を比べる限り私たちに勝っているとは思えません。ただ、カラス研究をはじめたころ、依頼があってカラスの味覚試験をしたことがあります。物質はショ糖、キニーネ、酢酸を使いました。基本味でいうと、甘味、苦味、酸味になります。結果としては、キニーネや酢酸を塗布した餌は、塗布しない対照の餌の十分の一の摂取量になりました。このように、苦味や酸味には反応しましたが、ショ糖は特別好むわけでも嫌がるわけでもなく、対照の摂取量と変わりませんでした。約五百個あまりの味蕾の働きは、人間とは精度が異なるものの、大まかな味区分には機能していると考えられます。ただ、鳥類の味覚の研究がもう少し進めば、人間とは違う味の世界をもっていることが判明するかもしれない、という期待を抱きつつこの章を閉じます。

コラム〈2〉

カラスは辛さを感じない

味とは異なりますが、カプサイシンをまぶした餌をカラスに与えたこともあります。人にとっては強烈な辛さというか痛さなのですが、カラスはその餌を平気で食べました。ただ、その後の行動に興味を惹かれました。餌や嘴を水に入れて、洗うかのような仕草をするのです。

一見して辛さを感じているかのように思えますが、現在の研究では鳥類には辛さを感じるのに必須なＴＲＰＶ１（トリップ・ブイワン）と呼ばれるイオンチャネルが感覚神経にないことがわかっています。理論上、鳥は辛さを感じないことになるのです。

たしかに激辛な餌でも食べるため、そうなのかもしれませんが、水で洗いたくなるのはどんな感覚なのか、考えてしまいます。

ちなみに、辛さは味覚ではなく、痛覚になります。

第4章

カラスの嘴毛《しもう》の感覚

1 カラスの嘴毛

生命活動を続けるため、生物が環境情報を感じ取り適応していることは当然ですが、その生物個体あるいは種ごとに必要な情報の濃さは違います。例えば、身近な光を考えれば、明暗だけ識別できればよい生物、色彩情報まで必要なもの、さらには紫外線情報まで必要など様々です。生物が高度に進化すれば、それに比例して感覚の精度が一方向によくなるわけでもありません。実際、昆虫や鳥は紫外線を感受することができますが、私たちにはできません。そんな視点でカラスの顔を見ていると、どうしても興味を惹かれる場所が出てきます。

ハシブトガラスとハシボソガラスの両方に、嘴の根元付近から出て鼻孔を覆う、それもピッタリと嘴に沿って先に延びる立派なやや太めの毛があります（図4―1）。鼻孔を覆っているため、私や学生たちは便宜上「鼻毛」と呼んでいましたが、この鼻毛のことを正式には「嘴毛《しもう》」と呼びます。私たちの研究室では、この嘴毛の存在意義を確かめることとしました。

図4－1. ハシボソガラスの嘴毛

2 嘴毛の生え方

まずは、嘴毛の生え方を見ていきます。嘴毛を一つ一つ数えると、片側で約百本ありましたが、よく見ると三種類の毛で構成されていることがわかりました。それらは、丈が一センチメートル以下で綿毛のように細い羽枝がたくさん出ているもの、丈が一～一・五センチメートルで羽枝が十本程度、丈が一・五センチメートル以上で羽枝が少ないものです。生え方としては、丈の長い毛が鼻孔に近い部位に、その後方に中間のもの、さらにその後方に短いものといった様子で、順に整列するかのように生えているのです（口絵4－1、5ページ）。鼻孔から離れるほど、羽枝の

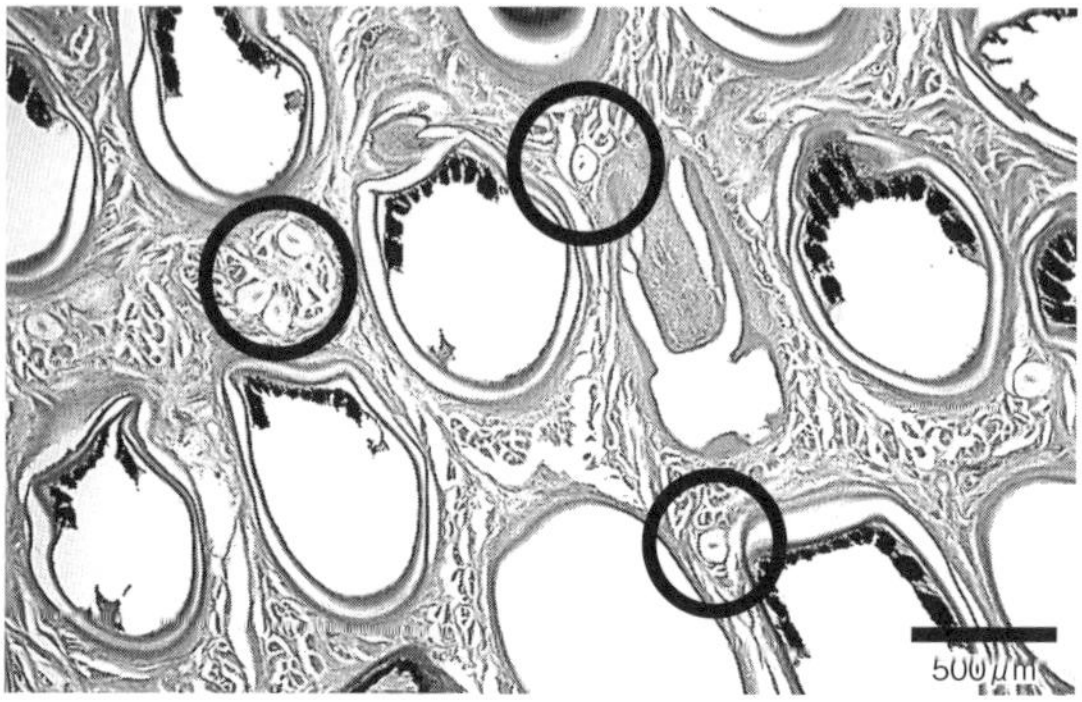

図４－２．嘴毛の毛根周囲の組織
ヘルプスト小体がたくさんみられた（○）。

数が多く細い嘴毛になっていました。さて、これら嘴毛の働きを探るため、組織標本をつくって顕微鏡でじっくり観察していきました。

嘴毛の種類によって分布域が異なっていましたので、それぞれが生えている領域ごとに組織標本をつくって観察しました。その結果、嘴毛の毛根周囲にヘルプスト小体がたくさんみられたのです（図４―２）。三羽のハシブトガラスの平均ですが、おおよそ一平方ミリメートルあたり数個見つかりました。ただし期待とは裏腹に、嘴毛の種類によっての違いは見出せませんでした。比較のため脚の毛根も見たのですが、こちらではヘルプスト小体は確認できませんでした。当初は嘴毛の役割について、空を飛ぶ際に鼻孔に入る風塵を防ぐためのもの程度にしか考えていませんでしたが、こうして見ると嘴毛特有の働きがありそうです。

3 嘴毛の役割

ヘルプスト小体は、玉ねぎのように何層もの層構造をもった感覚器で、粘膜あるいは表皮下の結合組織に分布する機械受容器です。哺乳類では同類の感覚器をパチニ小体と呼びます。その働きは、様々な強さの圧変化と振動を感知するとされています。特に加速度圧に反応するという報告もあります。さらに、ヘルプスト小体の神経の元をたどったところ、三叉神経のうち深眼神経の枝が嘴毛毛根部に来ていることがわかりました。つまり、三叉神経感覚枝に毛根部の感覚が集約され、中枢に向かうことが判明したのです。

ところで、カラスは普段穏やかに翼を羽ばたかせ飛翔していますが、急降下、急旋回、高速追跡など、入り組んだ木々の枝々をくぐり抜けるアクロバット飛翔も得意です。そのような飛び方とヘルプスト小体の働きをあわせて考えてみると、嘴毛が加速度センサーとして風圧を繊細に感じ取ることで、上下左右に自在に向きを変え、加速・減速していることが想像でき、つくづく生物の精巧な構造に想いが膨らみます（図4―3）。

ただ、これはあくまでもつくりから考えた推察に過ぎません。このような説明で解決できない事例もたくさんあります。例えば、猛禽類を考えてみましょう。獲物追従など飛翔に変化を

図4－3．カラスの飛翔
左：電線を蹴り、初列風切羽を目一杯伸ばして飛び立つ瞬間。
右：全風切羽を団扇のように使う飛翔の姿。
嘴毛が加速度センサーとして風圧を繊細に感じ取っているのかもしれない。

出すノスリをはじめ、多くの猛禽類には目立った嘴毛がなく、鼻孔は露出しています。さらに不思議なことに、同じカラス属であるミヤマガラスも見事なほどすっきりとしていて、嘴毛がないのです。

ミヤマガラスは十月ごろに大陸から渡ってくるカラスです。長距離移動では当然、長時間の飛翔が伴います。その間、平地よりも強い雨風にさらされることが予想されます。まさしく風圧などを感じる圧感覚器が必要になると思いますが、その鳥に嘴毛がないのです。他のカラスで嘴毛が存在する場所は、ミヤマガラスでは毛根跡のような微細な凹凸のある角質化した皮膚になっています（図4－4）。遠くから見ると嘴の付け根がやや白いので、在来のカラスと見分ける大きなポイントになっています。

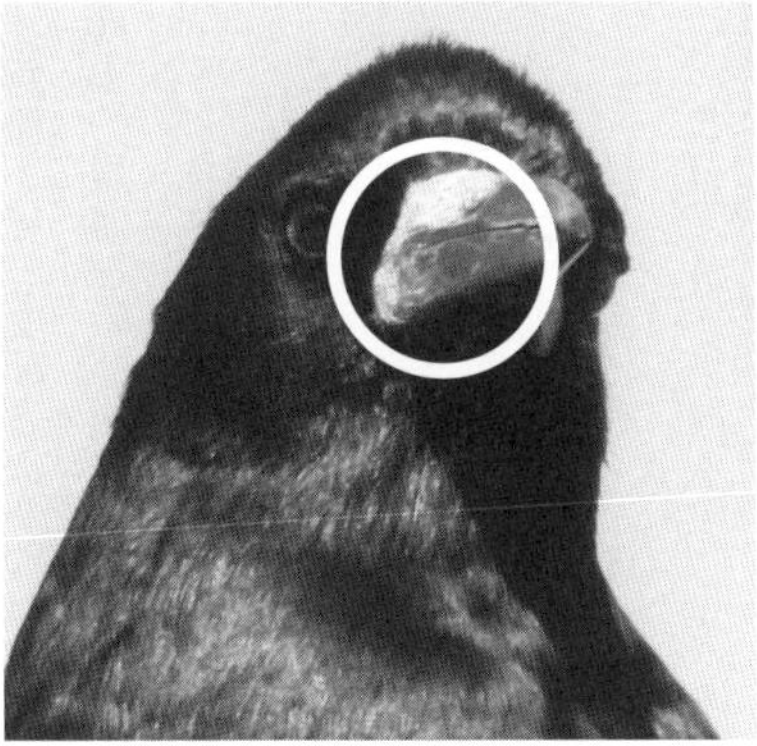

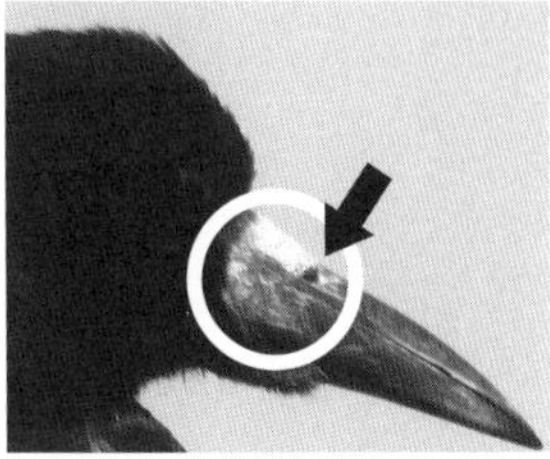

図4－4.
ミヤマガラスには嘴毛がない
他のカラスで嘴毛が存在する場所は角質化した皮膚になっており（○）、鼻孔が見える（矢印）。

このように謎が深まる嘴毛ですが、その機能が明らかになっている鳥もいます。カラスと同じ生え方ではないのですが、嘴の付け根に立派な毛が生えているヨタカやヒタキでは、飛んでいる虫を捕まえる際のセンサーとして嘴毛が働いていることがわかっています。昆虫の羽ばたきの振動でも感じるのでしょうか。

そのような見方をすると、ネズミや猫が鼻の付け根付近から生えている触毛で壁を感じ取り、暗くて見えない通路でも進めるように、カラスの嘴毛に風を感じる働きがあっても不思議ではないように思えます。前述したように、哺乳類の触毛の感覚は毛根付近のパチニ小体で感じ、三叉神経の知覚枝によって中枢に運ばれますが、カラスの嘴毛の毛根部には哺乳類のパチニ小体と同じ機能をもつヘルプスト小体があり、そこには三叉神経の枝が分布しています。

感覚器と神経支配の点からも、触毛と嘴毛は類似しています。やはり、カラスの嘴毛は単に鼻孔から風塵を吸い込むことを防ぐだけのものではなさそうです。

第5章

カラスの嗅覚

1 においに敏感？ 鈍感？

キーウィやヒメコンドルはにおいを感じて行動することが知られていますが、身近な鳥の行動を観察していても、嗅覚に頼っていると思われる仕草は見られません。ごみ収積所でごみ袋に顔を近づけ、においを嗅ぎまわっているようなカラスも見かけません。一方、カラスの嗅覚について科学的にアプローチした研究もありません。そのため、「カラスはにおいに敏感なんですか？」と問いかけてくる人も少なくありません。ハシブトガラスは死肉を食べることから、腐敗臭を感じ取って動物の死体を見つけることができると考えている人もいるようです。

カラスの嗅覚についてはこれまでもいくつかの著書で紹介してきましたが、ここではもう少し掘り下げて解説していきます。ただ結論を先に述べると、カラスはにおいにさほど敏感ではないと思われます。それでは、そのような結論に至った取り組みを紹介します。

2 鼻腔を覗く

哺乳類の場合、においは鼻腔の背部にある嗅上皮の嗅細胞で感知されます。嗅細胞は味蕾と同様の化学受容器です。鼻腔は気道も兼ねますから、乱流を防ぎ空気が通りやすいようにする整流装置としての機能もあります。その装置は、鼻腔壁の上側から順に上鼻甲介、中鼻甲介、下鼻甲介という三つの凸として形づくられています。上鼻甲介と中鼻甲介の間を上鼻道、中鼻甲介と下鼻甲介の間を中鼻道、下鼻甲介の下を下鼻道といい、空気が通る道になっています。このような構造は鼻中隔という中央の仕切り板を境に、左右対称になっています。においを感知する嗅細胞をもつ嗅上皮は、上鼻甲介の上の鼻腔天井をつくる場所にあり、空気とともに入ってくるにおい物質を感知するのです。

鳥でも鼻腔の構造から見ると、左右の外壁から鼻甲介が中央に向けて突出しています。鳥の場合、垂直（上下）に並んでおらず、やや前後に突出していますので、前鼻甲介、中鼻甲介、後鼻甲介と呼びます。中でも中鼻甲介は、前方から見ると渦状に巻き込みがあり、鼻腔の中心部を広く占めます。

さて、カラスではどうなのでしょうか。カラスでは、前鼻甲介、中鼻甲介は見られるのですが、嗅覚が発達している鳥で明瞭に見られる後鼻甲介の形成は確認できませんでした（図5—1）。研究の入口として、鼻腔が発達していないことはわかったのですが、嗅覚情報を感知する最初の嗅細胞やそれを含む粘膜の状況については後述するとして、まずは嗅神経と嗅球から話を進めることにします。

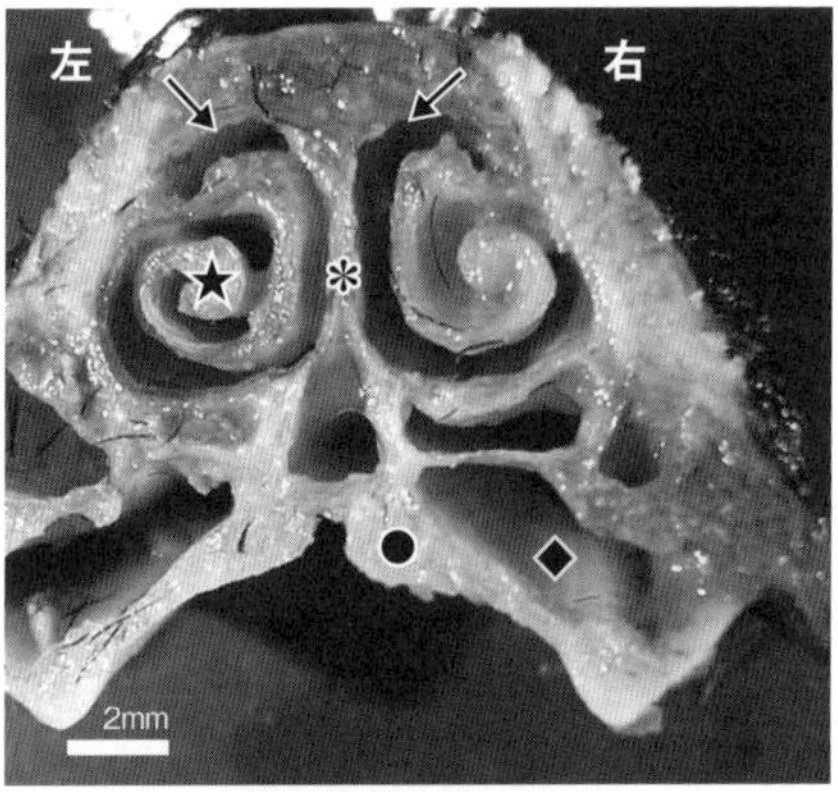

図5－1．カラスの鼻腔の断面図
★：中鼻甲介、＊：鼻中隔、◆：眼窩下洞、
●：口蓋、矢印：嗅上皮の位置。
（画像提供：日本獣医生命科学大学 横須賀誠教授）

3 嗅神経・嗅球

嗅球は嗅上皮の嗅細胞からにおいの情報を受け取るのに特化した領域です。また、脳形成においても初期に形成される脳の一部です。嗅上皮と嗅球を結ぶ嗅神経は、左右対となって嗅球に向かい、嗅神経の束が鼻腔側から走行しているのが確認できました。しかし、ハトやニワトリと比べて束の太さは細いのです。ただ、嗅神経があるということは、その細胞体で

ある嗅細胞があることを意味します。嗅上皮と嗅細胞は確認できなかったのですが、嗅神経に見合うだけの細胞がありそうです。一方、嗅神経の終着点である嗅球も小さく、存在を疑うような大きさです。よく見ると、大きな大脳底部の先端にわずかな膨らみがあり、細い嗅神経の束はそこで終わっているのです。それが嗅球になります。カモとニワトリの嗅球は、脳の先端にその存在をアピールしています。それらに比べるとカラスの嗅球は小さいことがわかります（**口絵7—1、6ページ**）。

ここで見方を変えてみます。ハシブトガラスの大脳の体積は約一万千百三十四立法ミリメートルですが、嗅球は一・六立法ミリメートルです。占める割合は〇・〇一四パーセントしかありません。ちなみにカモの大脳は約三千七百六十立法ミリメートルあり、嗅球は三十八立法ミリメートルですから、カモでは大脳全体の一パーセントを占めています。単純な比較ですが、カラスの嗅球が脳全体に占める割合は、カモのおよそ七十分の一になります。さらに、嗅球の発達度合いを考える目安として、大脳サイズとの相対値で求める数値があります。その数値で比べると、鳥類では嗅覚が発達しているキーウィが三十四、ドバトが二十ですが、ハシブトガラスでは六です。

これらのことからも、ハシブトガラスでは嗅覚系の形成が乏しい面がうかがえます。

カラスの小さな嗅球の構造

カラスの小さな嗅球はその構造を保っているのかという疑問のもと、日本獣医生命科学大学の横須賀誠教授と共同研究をはじめました。横須賀教授は嗅覚系の専門家ですから、非常に心強いパートナーです。前述の鼻腔とこれから紹介する嗅球に関する内容は、共同研究をもとに横須賀教授によって報告された論文を一般向けに書き直していることをお断りしておきます。

さて、嗅球は外観的には外套に覆われ、カモやニワトリのように明瞭に突出しては見えません。しかし、カラスの嗅球は組織的に前後に二ミリメートルほどの広がりをもち、横の広がりの最大値は一・五ミリメートル程度でした。前方のわずかな部分は左右分かれているのですが、中央八割ほどは左右が融合した状態です。ちなみに筆者の知る限り、哺乳類の嗅球は前端から後端まで左右分かれて対として存在します。ですから、哺乳類とはだいぶ様子が異なります。

これまでも何度か登場しましたが、微細構造を観察するためにはやはり顕微鏡観察が必要です。そもそも嗅球は、においの第一情報を受け取り、それらを上位脳の複数の異なる箇所に送る仕分けの回路をもつため、独特の層構造を有します。カラスの特徴を示すには哺乳類の基本情報が大事ですので、少し専門的になりますが哺乳類の嗅球の基本構造を解説してから、カラスの嗅球に話を戻しましょう。

哺乳類の嗅球の横断面（いわばたくわん切りしたイメージ）は、外側から嗅神経層、糸球体層、外網状層、僧帽細胞層、内網状層、顆粒細胞層というように六層になっています（口絵5―1、5ページ）。嗅神経で運ばれてきた嗅覚情報は糸球体層に入ります。そこに神経連絡としてつながる僧帽細胞や房飾細胞（外網状層の中にある中枢へ嗅覚信号を送る細胞）などに伝導され、情動やにおい弁別などの上位脳に送られるのです。さて、ハシブトガラスでは、嗅神経層、糸球体層、僧帽細胞層、顆粒細胞層の四層が確認できました（口絵5―1）。嗅神経層と糸球体層は、後方に向かうにつれて領域が狭くなります。そして、ウズラでも認められる外網状層や内網状層は見られません。さらに哺乳類では多くの場合、僧帽細胞層や房飾細胞は規則的な層構造をもつのですが、それも不規則になっています。こうして見ると、嗅球の内部にも嗅覚の弱さを裏付ける様子がうかがえます。

ただ、嗅神経の束に特殊な神経トレーサーを注入して嗅上皮と嗅球のつながりを確認してみたところ、間違いなくカラスの嗅上皮にも哺乳類と同じような形をした嗅細胞が存在していて（口絵5―2、5ページ）、その細胞から伸びる神経投射は嗅球に入り、糸球体層に達していることがわかりました（口絵5―3、6ページ）。興味深いことに、哺乳類では左右の嗅神経はそれぞれ同側の嗅球に入り、混じらないのですが、カラスの場合、嗅球内で融合しているのです。左右の嗅球が完全に分離していないようです。

また、どのような物質に嗅覚系が反応するかについて調べる手法として、様々なレクチンと組織の親和性を見る方法があります。それを実施したところ、カラスでは二十一種のレクチンのうち明瞭な陽性は四種しかありませんでした。その四種は、ほとんどの脊椎動物の嗅覚系が反応する物質であり、カラスで特有に反応するものはなかったのです。このことから、カラスの嗅覚系は基本構造を残しながらも、豊かな嗅覚をもつとはいえないように思われます。しかし、カラスがわずかながらも存在している嗅覚機構で何を感じているのか、とても気になるところです。

第6章
カラスの聴覚・平衡感覚

1 耳のつくりと可聴域

カラスの感覚という角度から、視覚、味覚、嗅覚といくつかの特殊感覚を見てきましたが、ここでは聴覚について語ります。

鳥の聴覚といっても、外見上は耳がないので、普段の生活ではあまり意識することはないかもしれません。むしろ、さえずりや鳴き声に興味をもって傾聴する人が多いでしょう。実際、野鳥愛好家は鳥の美しい姿はもちろんのこと、きれいな鳴き声も求めてフィールドに出ているようです。

さて、鳴き声は同種同士のコミュニケーションにも使われているため、受け手には意味をもった音として響いているはずです。鳴き声は音の振動、空気の音圧波として、哺乳類では外耳道、鼓膜に達します。その後は形を変え、中耳、内耳の蝸牛、その中の聴神経細胞の順に伝導し、中枢へと運ばれます。

さて、カラスではその聴覚がどれくらいの精度で、どのような機構をもっているのかについて考えていきます。

耳のつくり

まずは聴覚に関係する体の部位を外側から順に見ていきましょう。哺乳類には耳、つまり集音機能の働きをする耳介がありますが、カラスにはありません。それどころか、外耳孔も見当たりません。研究目的でない限り、外耳孔が確認できるほど身近でカラスを観察する機会はありませんので、普段はその有無についてなど考えることもないでしょう。実際にカラスを捕まえて頭の周囲を見ても、耳孔は見えません。哺乳類ながらカラスと同じく空を舞うコウモリは、外観から見ても立派な耳介をもっています。しかし、カラスに耳介がないのは他のほとんどの鳥類もそうであることや、飛翔時の空気抵抗を考えれば納得できます。

一方で、カラスは鳴き声による意思疎通が豊富な鳥としても知られています。音の情報を受け取る聴覚機構がないはずがありません。そして、その入口である外耳孔もあるはずです。実は、カラスの外耳孔は眼球後部にあり、その開口部は後方へ流れる特殊な羽毛で覆われているので、外からは見えないのです。その特殊な羽毛を持ち上げると、直径五ミリメートル程度の外耳孔が確認できます。外耳道は奥の鼓膜へと続きます。

外耳と中耳を隔てるのは鼓膜ですが、カラスでは三・五平方ミリメートルの広さがあります。マガモの二・三、トビの三・二に比べると広い方です。厚さは、カラスが約二十七マイクロメートル、マガモは四十、トビが三十二と、逆に最も薄い値です。結局、カラスの鼓膜はこの三種の中で最も面積が広く薄いことがわかりました。小さなミクロの世界です。この数値の違いが聴覚の差としてどれほど影響するのか、実際のところはわかりません。参考までに人の鼓膜の厚さは部によって異なるのですが、六十〜百マイクロメートルとの報告があります。

鼓膜を過ぎると中耳が現れます。中耳には鼓室という側頭骨の中につくられた小さな空洞があります。哺乳類の場合は、鼓膜の内側には外側から順にツチ、キヌタ、アブミという体の中で最も小さな骨が三つ連なって、鼓膜の振動を増強しています。一方で、カラスの中耳を見ると三種の骨ではありません。鼓膜から内耳まで、一個の細長い骨が糸電話の糸のようにつながっています。これを耳小柱と呼びます（**図6―1**）。これは哺乳類のアブミ骨に相同するものです。**図6―1**の円盤状の部位が内耳の卵円窓に接し、音を伝えています。

耳小柱の長さを他の鳥と比べてみると、カラ

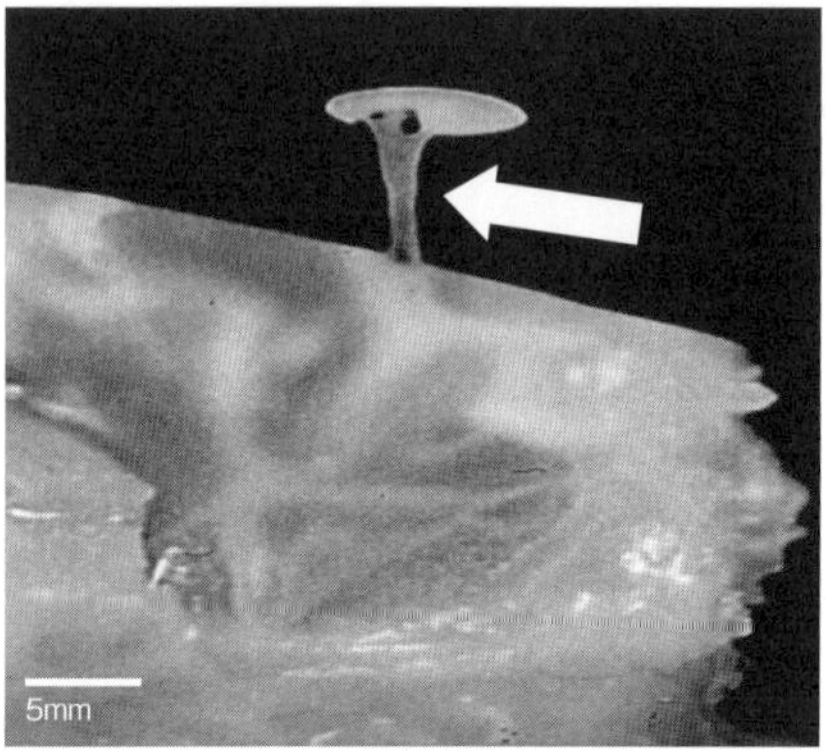

図６－１．ハシブトガラスの耳小柱（矢印）
耳小柱上部の円盤状の器官が卵円窓に接する。

スとトビでは約六ミリメートル、マガモは約五、太さはカラスが〇・一ミリメートル、トビが〇・二、マガモが〇・〇八でした。人の場合、鼓膜の面積と内耳に伝える耳小骨底面の面積差によって二十二倍くらいに音が増強されるようです。この考え方を借りて、鼓膜が大きく耳小柱の太さが細い方が音の増強に有利に働くとすれば、カラスの中耳はトビよりも音の増強機能があるともいえます。なお、ハシボソガラスでは、鼓膜と耳小柱底面の面積比が二十三倍（鼓膜の面積〇・三四七、耳小柱底面〇・〇一五平方センチメートル）という報告もあります。元の音にどれだけ鼓膜が響くかという問題もありますが、中耳の増強機能は人間と大きく変わらないのではと考えられます。

可聴域

ところで、耳小柱の振動は教科書的に考えれば最終的に蝸牛のリンパに伝わり、それを感覚細胞が感受するわけですが、筆者らの研究ではカラスの蝸牛の微細構造の解明には至りませんでした。したがって、解剖的にはカラスの聴覚の精度を推察できないのですが、文献を探すとアメリカガラスについての記載がありました。それによると、可聴域は三百〜八千ヘルツで、感度の高い域は千〜二千ヘルツとあります。アメリカガラスは小型で、日本のハシボソガラスに似ていますから、ハシボソガラスもアメリカガラスに似た可聴域と推測できます。ちなみにムクドリの可聴域は七百〜一万五千ヘルツです。一方、人は二十〜二万、犬および猫はそれぞれ六十五〜五万、六十〜十万ヘルツといわれています。

構造面やこれまでの知見から考えると、カラスの聴覚は哺乳類に比べたら劣ることになります。

2 半規管と平衡感覚

カラスは日常的に三次元空間を使いこなしています。穏やかにひらひらと空を泳ぐように舞うこともあれば、猛烈な速さで仲間と追いかけっこもします。建物や樹木の間を見事な速さと身のこなしで飛び抜けます。そうかと思えば、急降下も得意です。これらの行動は、身体の向きや傾きをたえず感じて、バランスを整えているからできるわけです。

こうした身体の傾きなどの位置情報を感じるのは、人間でいえば内耳にある半規管と呼ばれるものです。さらに細かく見れば、その管の中にはリンパ液があり、身体の傾きによってリンパ液に流動が起こります。その流れを、やはり管の中にある有毛細胞が感じて中枢に情報を送ります。哺乳類では、半規管は側頭骨の中に聴覚器官とともに存在します。

動物の半規管は一般的に前半規管、後半規管および水平半規管に分かれています。いずれの器官もU字あるいはC字状で、アーチを描きます。そして、それぞれのアーチの根元は卵形嚢と円形嚢と呼ばれる部位で融合し、一つの器官になっています（図6―2）。アーチの部分はお互いが直角になる方向を向いています。いわば水平の傾き、垂直の傾き、前後の傾きを感じるようにできているのです。

では、カラスの場合、半規管はどうなっているのでしょうか。大きめの体格のカラスとはいってもやはり鳥の頭です。身近な哺乳類に比べたらとても小さく、解剖は実体顕微鏡を覗きながらの作業になります。これらのU字部分の形や大きさは鳥によって異なります。それをなんとか数値化したくて、実体顕微鏡のもとでU字に沿って紐を当て、なぞった分の紐を伸ばし、管の長さを測ることにしました。その結果、ニワトリやマ

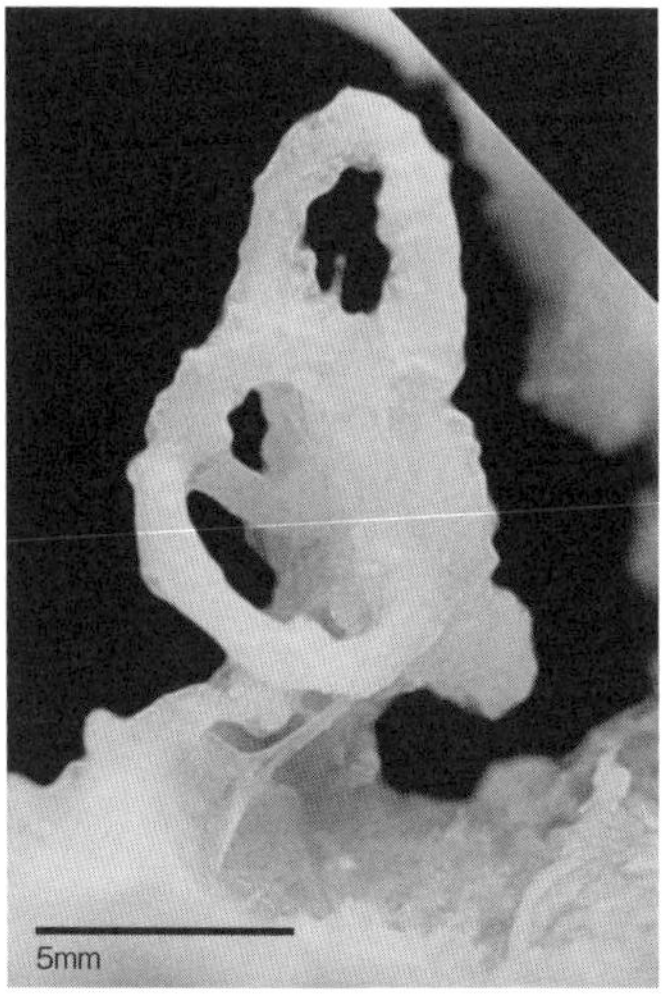

図6－2．ハシブトガラスの半規管

ガモよりも大きいことがわかりました。カラスの前半規管と水平規管は約二十ミリメートルでしたが、ニワトリやマガモでは十三〜十六ミリメートルでした。

このアーチ部の長さとは何を意味するのでしょうか。管の中にはリンパ液が詰まっていて、身体の傾きでリンパ液が流動します。その流れを有毛細胞（感覚細胞）が反応し、傾きを感じるのです。そのため、そのアーチが大きいほど、小さな動きでも感受できるのです。大きな分度器の方が小さな角度でも測れるのと同じ考え方です。例えば、一度の角度を示す線と線の間隔は、孤が大きい分度器線の方が明瞭に見ることができます。つまり、その大きなアーチでリンパの少しの変化でも感受できるようにつくられているのです。

この半規管で感じた傾きの情報は、延髄の前庭神経核に送られ、そこからさらに上位脳に伝えられます。ただ、この感覚はカラスに限らず、多くの野鳥で発達しているものと考えられます。ちなみに、意識としての傾きは大脳によって判断されます。

第7章

カラスの高次脳機能

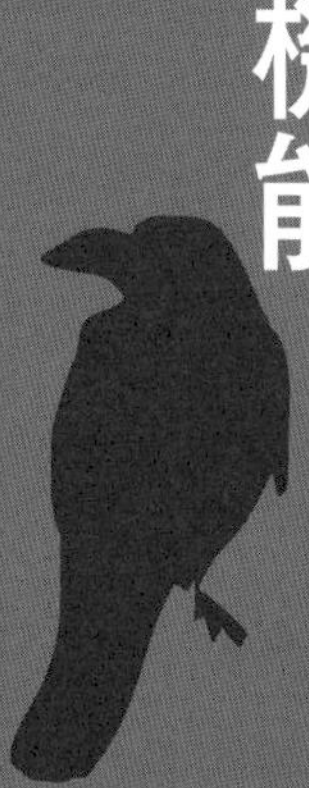

1 心の感覚

死を感じるのか

前章までは解剖学や生理学的な視点からカラスの感覚を紹介してきましたが、カラスの行動観察をしていると、否応なしにその感情の有無に関心が向いてしまいます。筆者のカラス研究のスタートは解剖学ですので、行動観察から調べる方法より構造的興味が先に立ち、冷静にカラスを見る方だと自認しています。しかし、その私ですら感情移入というか擬人化というか、そんな気持ちでカラスを見てしまいます。それだけカラスは、「心」があるのではと思わせる行動をして、私たちを悩みの迷路に誘うのです。

動物に感情があるのかという議論はこれまでもなされてきました。進化論で名高いチャールズ・ダーウィンは、「鳥類や哺乳類などの動物は感情を覚える」と信じて疑わなかったようです。また、動物行動学で有名なコンラート・ローレンツは「動物が感情、意識、洞察力をもっているように見えても、それらをもっていると考えてはいけない」と、擬人化により非科学的結末に至ることを警告していたようですが、徹底して動物とともに時間を過ごした彼は、自身では動物を擬人化している面が多々あったようです。同じように、感情移入のような視点は非科学的と考えられ、避けられてきましたが、一九八〇年代から動物の心を考える研究者が積極的に声を上げるようになっています。とはいいつつも、動物の心に対する科学的解明は、答えを引き出す方法論や解釈が難しいだけに、課題も多いのだろうと筆者は考えています。いずれにせよ、動物の観察においては、科学では割り切れない出会いが数多くあるように思います。

カラスは別として、犬を飼った経験のある方なら、愛犬に喜怒哀楽の感情があると思わざるをえないでしょう。筆者も幼少から犬に親しみ、通算で二十数年間飼育してきました。犬は嬉しいときには尾を振って全身で喜びを表しますし、家族の雰囲気がピリピリしていると静かに伏せて、ときには上目遣いで様子をうかがいます。チンパンジーなどの霊長類の場合、表現力がもっと豊かになり、感情を有しているといっても過言ではないくらいの行動を見せるようです。二〇一三年にはアメリカの研究者が、チンパンジーには人間に似た感情があることを明らかにしています。

このように「動物にも感情あり」の力も借りつつ、本書は学術論文ではありませんので、少し垣根を外してカラスの心の感覚について、彼らとの出会いの中で感じたことを紹介していきます。その意味ではここからは、筆者の主観的な観察の解釈が多く含まれることをお断りしておきます。

昔から農業現場では、畑にカラスの死体を吊り下げておくと、カラスが近づかないとされています。この対策法は今でも信じられていて、地方では畑にカラスの死体を吊り下げた棒を見かけることもあります。カラスが仲間の死を感じて恐れる、あるいは異様さに警戒心を抱くことで畑に寄り付かないという原理です。つまりこれらは、カラスが仲間・同種の死に何かを感じていることが前提になります。ここでは、その前提を肯定してしまうような経験をいくつか紹介します。

農家の方に依頼され、死んだカラスを畑に運んだことが何度かあります。その際、死んだカラスを紐で棒にくくりつけて畑に設置すると、それを目撃したカラスが普段聞かないような鳴き方で上空を旋回しました。そうすると、今まで視野に入っていなかった十羽ほどのカラスたちがどこからともなく集まり、ギャーギャーという鳴き声を発しながら上空を旋回しだしたのです。このような経験は何回かあります。またあるときは、大学のキャンパス内でカラスのはく製を運んでいたら、それを見た周辺のカラスが上空に集まり、独特の鳴き声で飛び回りました。このような行動は「カラスの葬式」とか「カラスの弔い」といわれるくらい、その道の方々にはよく目撃されています。やはり、同種の死に何かを感じての反応と思われるのですが、科学的な説明が難しい行動です。

さらに状況は違うのですが、同種の死を感じるのではと思わされた別の経験もあります。実験に使うカラスは許可を得て罠で捕獲し、その後は三×三×二・五メートル程度の檻に五〜六羽入れて飼育します。長年カラスの研究をしていると、このような条件でカラスが病気になり死亡することも経験します。あるとき、死んだカラスを檻から出そうとしたところ、一緒に暮らしていたカラスが、普段とは違ってうなるように喉を低く鳴らすのです。何か、悲しみを絞り出すような声にも聞こえました。同じ小屋で長くともに過ごしていたから、心の交流でもあったのかと、擬人的に考えると切なくもなります。そのようなことを複数回経験すると、どのような感情であるのか説明は難しいのですが、カラスは同種の死を感じることができるのではと思ってしまいます。

その反面、共食いのような行動も見受けられます。また、死を目撃したことに長い時間とらわれて行動しているようには見えません。その意味では、仲間の死を意識しているのではなく、単に同種の特別な姿や状況を、異様で警戒すべき信号として受け取っているだけなのかもしれません。科学的な視点ではその方が説明できそうですが、説明がつくとそのまま思考が停止してしまいます。やはり、多少感情移入したくなるのが動物との付き合いのおもしろさなのかもしれません。

喜び・悲しみ

巣の中のヒナが親から餌をもらう姿は、親子の情愛というよりは、本能とホルモンに支配された親の育雛行動と、子が刷り込みによって親と認識した相手に反応するという生理学的な連鎖の結果に過ぎません。

①親ガラスが巣にやってくる、②ヒナはほぼ反射的に頭を持ち上げて真っ赤な口を大きく開く、③その赤い口をめがけて親ガラスは餌を入れる。この一連の様子は食品工場のラインロボットのように、①器が流れてくる、②器にどんどん内容物を詰める、③蓋をするといった様子に似ています。この様子には筆者も、親子の情愛はあまり感じません。まさに、ホルモンと神経と感覚器がフルに働き、生命を操っているメカニックな営みを実感します。しかし、巣立ちをして間もない親子の行動を見ると、親子の情愛があるのかと思ってしまう場面があります。

ハシボソガラスの巣立ちしてからの子育ての例ですが、子ガラスは姿や大きさが成鳥と変わらないくらいにすっかり成長したころも、少し離れた場所から飛来してくる親ガラスの姿を見つけると、独特の羽の動きとともに甘えるような鳴き声を出します。それは視覚的に親鳥を認識した際の、甘えたい、あるいは餌がもらえる嬉しさなどの表現であり、やはり心の感覚になるのではと思ってしまいます。巣立ちしてもしばらくは親子がともに行動します。子ガラスの一羽がスーッと隣の田んぼへ低空飛行で移動すると、他の兄弟姉妹も少し遅れて移動します。おそらく兄弟姉妹の認識はあるでしょうから、ともにいる安心感があるのかもと想像するわけです。また、この時期の子ガラスたちは一人前に飛べますが、親子つかず離れずの距離で、親ガラスは子ガラスを見守ることができる範囲内で行動しています。擬人化して考えれば、家族の絆がありそうです。とはいっても、親から子へ、子から孫へという世代を越える文化的財産や家訓を継承するほどの絆ではありません。宇都宮市の隣町の農村地帯の一画で観察したハシボソガラスの親子は、少なくとも十二月までは行動をともにしていました。長いものでせいぜい次の繁殖期まででではないかと思います。その意味では絆といいつつも、日照時間とホルモン分泌活動に支配されている生命体が、自然の摂理で動いている側面が強いのではないかとも考えています。

詳しくは第8章で紹介しますが、駅舎の陸橋の上に巣をつくった親子のケースを例に挙げます。そこで紹介するように、四羽のヒナすべてが巣立ちに失敗したわけですが、親ガラスは線路わきに落ちた我が子に何度か舞い降りて近づく仕草をしたり、電車に送電する高架線につがいで止まって下のヒナを見ながら右に左に落ち着かない動きをしつつ、ときおり絞り出すような鳴き声を発していました。この行動はやはり、ヒナへの情愛の表れなのかと思います。ただし、自然界の定めなのか、このような思いを長くは引きずらないようです。筆者は、最後の一羽が巣立ちに失敗し、すべて残念な結果になった後も数日観察してみました。すると、翌日まではつがいで周辺にいて、高台に止まりながらヒナたちが落ちた場所を遠目から見ていた親ガラスも、翌々日には姿が見られなくなりました。

子育ての悲劇の例として、サルでは死んだ我が子を何日も手放さずに持ち歩くことがあるようですが、そのようなことはカラスではなさそうです。前述の死への感覚でもそうですが、一瞬、何かを感じているかと思わせるものの、弔い旋回も短い時間で解散します。その意味では、カラスの場合、突然変わったことに対して、生物的な警戒反応の神経回路が単に作動しているだけなのかと、擬人化をしすぎた見方に自戒の念も生じます。

慈しみ

第1章でふれましたが、カラスのペアは相手の羽繕いをすることがあります。片方の親ガラスがまだ巣にいるうちに、もう一方が餌を運んで巣に帰ってくると、普通ならその後、一緒に餌を探しに飛び立つか、少なくとも片方は飛び立つことが多いのですが、筆者が観察していたそのときは、帰ってきたカラスに飛び去る気配はありませんでした。巣の縁にじっと止まっています。間もなくもう一方が近づき、首すじにそっと嘴を当てて、少しばかり羽毛を持ち上げました。さらに部位を変えて同じ動作を繰り返し、首から胸付近までゆっくりゆっくりグルーミングをしているようにも見えました。正確な時間は計っていませんが、受け手は一～二分くらい微動だにしませんでした。受け手はときおり瞬膜が出てきて、眼が白くなります。よほど気持ちがよいのでしょう。ジェンダー問題になりそうですが、受け手はオスに見えました。そして、オスと思われるカラスが「ひと仕事を終えたから癒してくれ!」と踏ん反り返っているようにも見えたのです。カラスのペアの絆というか、慈しみあいを感じたときでした。

「烏《からす》に反哺《はんぽ》の考あり」という韓国由来の言葉があります。カラスは成長した後、恩を忘れずに親ガラスに餌を口移しに食べさせるという意味で、カラスでさえ親の恩に報いるのだから、それに負けないくらい親を大切にせよという教えのようです。では果たして、大人になったカラスは親の口元に餌を運ぶのでしょうか。

子ガラスが巣立ちし、独立して飛ぶようになった後も親ガラスは我が子に餌を与えます。このとき、親ガラスは子供に餌を与え、自身は満足に食べられないためか、子ガラスより体が小さく見えることがあります。まして、子供がオスで親がメスだとしたら、小さなカラスが大きなカラスに餌をあげているように見えます。つまり、子ガラスが親を養っているように思えたのでしょう。このような背景で「反哺の考」という言葉ができたのですが、昔からカラスには感情があるのではと思わせる何かがあったようです。

ストレス

近年、人間の世界ではストレス社会といわれ、心の病が急増しています。それに伴い心療内科など心の治療を専門的に行う分野も発展しています。人間の場合、ストレスによって脳のノルアドレナリンやドーパミンの濃度が上がると、感情や行動の発現に働く前頭前野の機能が弱まり、視床下部や偏桃体など、生命活動や身を本能的に守る、生きていくために必須の営みをする部位の機能が亢進することで、普段は抑えている衝動が心の失調として現れるようです。

さらに、ストレスは視床下部―下垂体―副腎軸（ＨＰＡ軸）[注1]を動かし、副腎皮質ホルモン分泌を促します。そのホルモンがさらに脳の不安をつくるのです。こう考えると、ストレスは心をもつ人間だけが感じるようにも思えます。しかし、近年の動物行動学の研究では、動物園の動物や、ウマなどの家畜もストレスを感じていることがわかっています。例えば、狭い厩舎にいるウマは体をゆすったり柵をなめたり、ストレス解消行為を行います。そしてカラスはといえば、現象だけを見ると同じようにストレスを感じる心があるようです。

筆者は研究のためにたくさんのカラスを飼育してきました。普通であれば、大空を自由に飛び回っているカラスです。一方、飼育下では餌を探す必要はありませんが、自由もありません。与えられた三メートル四方の空間は、無限に広がる外界とは違います。自然の厳しさは自由と表裏一体で、苦ではありません。生そのものです。それが失われたカラスは、すべてではありませんが、円形脱毛現象が現れる場合があります。これまでの研究でたくさんのカラスと出会ってきましたが、円形脱毛が確認されたのはハシブトガラス三羽です。さらには、自ら羽をむしる自傷行為もみられます。胸の綿毛の部分をすっかりむしり、皮膚が露出します。また、ストレスの負荷の指標となる副腎皮質ホルモンの上昇も認められています。生物の生理的な身体反応として、ストレスが確認できるのです。動物の心とストレスは難しい問題ですが、冷静にカラスを見るべく、一線を引こうとした「心」が、どうしても動物の理解には否定できないワードになります。

カラスの脳はよく発達していることから、やはりストレスを感じる「心の感覚」を持ち合わせているのかと思ってしまいます。そのこともあり、カラスのストレスを意識して、七×三×三メートルの小屋を二棟立てて、実験に使わないカラスはできるだけ広い空間で飼育するようにしました。

動物の心は、感覚器が備わっていて、解剖学的にも生理学的にも生命体の構造物として説明できる五感とは異なります。その実態は、観察者の擬人化的思考で勝手に考え出された、喜びや悲しみなどの表情です。人間側の視点では、それぞれの状況に対応する行動と、それに伴って現れる動物の様子は明らかに特別なものであるように見えます。ですが、カラスの心は、例えばグルーミングという外部刺激を受けたことで感覚神経、大脳、内分泌器官の内部環境でそれぞれに見合う反応が起こり、相手の仕草に身を委ねてじっと動かないといったことを示すのかもしれません。一方、我が子を守ろうとして発する威嚇の鳴き声は、視覚から引き起こされる巣外套、海馬などから形成される防衛本能の発現であり、それが怒りという心になるのかもしれません。

2 カラスの仕草が気になる理由

カラスの研究をはじめてから二十数年が過ぎたのですが、昔も今も変わらず、世の中の人々はどうしてカラスの話題が好きなんだろうと不思議に思います。筆者がカラスを研究していることを知っている人が、「先生、カラスは喋るんですか?」とか「カラスって本当に頭がいいですね」といった調子で話しかけてくるのは、無難なあいさつ程度なのかもしれませんが、このような会話は私がいなくても成り立っています。それは大衆浴場でのことでした。「うちのごみ置き場に集まるカラスはごみ出しの日を知っているんだよ」と友人に語りかける客。「うちの近所では、なんだか物真似みたいに変な鳴き声をするカラスがいるよ」と返す友人。そしてしばらくカラス談義をしてから、二人が口を揃えて「カラスって頭がいいんだなぁ」としみじみ話す場面に出会いました。もちろん、その場では私が誰であるかを全く知る余地もない状況です。このような光景では、カラスに関する苦情やおもしろい仕草の話題がよく出ます。身近な鳥として存在し、かつ目を引く動きがあるからこそ、お天気の話題ほどではありませんが、カラスは話の主人公になるのです。

頭がよくていたずら者という側面から見ると、認識力や学習能力といった知的行動が人の目を引いているように思えます。車にクルミを轢かせ殻を割って食べるハシボソガラスや、公園の水道の蛇口をひねって水を飲むカラスなどがテレビでも何度か紹介されています。ただ、このように目を奪われるカラスの賢い行動について、科学的に検証することは困難です。そのような現場を再現する仕掛けを実験室の中に簡単にはつくれません。しかし、観察の中で、おそらく何かの機会で学んだことは想像できます。学ばずに先天的に備わっている能力であれば、日本中のカラスが同じ行動をしても不思議はないのですが、クルミを車に割らせるカラスも、水道の蛇口をひねるカラスも、特定の地域でしか確認されていません。つまり、後天的に学び取った行動なのです。同じ現場はつくれませんが、カラスが後天的に学び取る力があること、つまり学習能力があるということが証明されれば、賢さの解明につながります。

ところで、鳥の認識力や学習能力については近代になってから、動物行動学者や実験心理学者によってかなり研究が進みました。特にコンラート・ローレンツによる刷り込みの研究が有名です。ローレンツはニシコクマルガラスを観察し、その群れには社会性があることも見出しています。また、日本では慶応大学名誉教授の渡辺茂先生がハトを用いて記憶の持続をはじめ、絵画・音楽の識別能力があることも証明しています。

さらに極めつけとして、二〇〇二年にイギリスのケンブリッジ大学の研究チームが、カレドニアガラスがいくつかの事象を組み合わせる知的な行動を行う能力があることについて、サイエンス誌で発表しています。彼らは様々な研究をしていますが、当時発表された実験は次のようなものです。カラスの嘴が届かない器の底に、バスケットに入った餌を置きます。そして、真っ直ぐな十五センチメートルほどの針金を与えます。カレドニアガラスはその針金を曲げ、フックのようにして餌が入ったバスケットを釣り上げたのです。まさに単なる学習ではなく、カレドニアガラスには論理的思考を結果に結びつける能力があることがわかったのです。その意味ではカラスの賢さについて、大衆浴場での話の内容が科学的にも証明されているようなものです。

日本に棲むカラスについての脳高次機能の研究は慶応大学のグループが最初かと思います。彼らの専門は心理学ですから、自己認識力があるかどうかなど、高次の能力発現の有無について研究を展開しています。

一方、筆者らは農学部ですから、私たちの生活の中でのカラスの位置づけに注視して研究の方向性を考えてきました。このカラスという鳥は、ごみの散乱に始まり、農作物への食害、送電鉄塔への営巣による停電などを引き起こし、秋から冬にかけて都市部に集まって糞害をもたらすなど、人間社会との軋轢が多いことから、「目の敵」にされています。知恵ある生き物として尊ばれることは、少なくとも日常生活の場では見られません。多くの人からは距離を置きたい生物と思われています。そのため、人間は様々なカラス対策を考えていますが、なかなか根本的な方法が見つからないのが現状です。

少し融通が利かない人を英語では「birdbrain」と呼ぶそうですが、カラスの頭脳についてはそれが当てはまらないようです。もっとも最近では、神経科学、神経心理学の進歩とともに多くの鳥類の脳の優れた面がわかっていますので、「birdbrain」という言葉で人を揶揄することと自体、時代遅れといえます。

次にそんな素晴らしい鳥の脳と知恵、特にカラスについて、筆者らの実験を中心に紹介していきます。カラスという生物への理解を深め、単に毛嫌いするのではなく、その知恵を理解して、共存のために少しでも心の距離を近づけてもらえればと思います。

3 脳のつくり

重さ

賢さの泉となる脳について見ていきましょう。身近なハシボソガラスやハシブトガラスは体重が五百五十～八百グラム前後ですが、脳（図7―1）の重さを計ってみると約十グラムで、身体の割には他の鳥より脳が大きいことがわかっています。ちなみに、ニワトリは品種にもよりますが、レグホーン種（代表的な卵用種）では体重二～三キログラム前後に対し脳の重さは約三グラムです。体重がカラスの三倍近くあるにもかかわらず、脳の重さはカラスの約三分の一なのです。もともと鳥は哺乳類に比べて小型の動物が多く、頭も小さいので脳も小さいと考えられがちです。しかしカラスは、体重に対する脳の重さの割合で考えれば、哺乳類と同じく大型の脳をもっているのです。もちろん、脳の重さを比較して知能の優劣を評価できるほど、その働きは単純ではないのですが、現実的には私たちの祖先である原人の脳が五百グラムであったのに対し、現代人は千三百グラムです。我々が高度な文明をもったことを考えれば、脳の重さはある程度、その発達を考える目安になります。そんな考え方で人間を含め、いくつかの動物の体重あたりの脳の重さの割合を見てみましょう。
人間は一・八パーセント（体重七十キログラムで脳の重さが千三百グラムとして計算した場合）、イルカ〇・六パーセント（体重二百五十キログラム、脳千五百グラム）、ウマ〇・〇八パーセント（体重六百キログラム、脳五百グラム）、猫〇・六パーセント（体重四キログラム、脳二十五グラム）、カラス一・四パーセント（体重七百グラム、脳十グラム）です。なんと他の哺乳類を後ろに回し、カラスは人間に次いで割合が高いのです。ちなみに、大型のカラスとして知られるワタリガラスでは、日本のカラスと同じく一・四パーセントです。さらに驚くことに、道具を使うことで知られるカレドニアガラスでは二・七パーセントであることが知られています。カラスは他の動物に比べ、体の発達に対し脳の発達を優先した進化なのかもしれません。

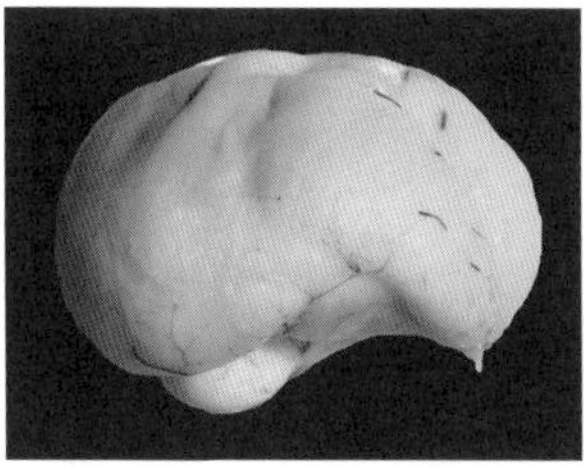

図７－１．カラスの脳（外観）
カラスの脳の重さは約10gで、体重あたりの脳の重さの割合はおよそ1.4%を占める。

人間の場合、二足歩行の姿勢により重い脳を垂直的に支えることができるため、その容積が大きくなったという説もあります。カラスも二足歩行ですが、頭部が前に突き出る四足歩行動物と頭の位置は類似しています。ですから、あまり頭部を肥大させる戦略は取れないものの、限られた頭蓋腔で限界まで脳を大きくしています。したがって、脳頭蓋は人間のように丸みを帯びています。つまり、内面の凹凸を少なくして神経塊を包み込んでいるのです。

外観

脊椎動物であれば中枢神経系は大脳、脳幹、小脳、脊髄から構成されているのですが、機能的に分けると、大脳は学習・知的行動・高次の感覚や運動の連合を司ります。一方、脳幹は呼吸、循環、体温、内臓、ホルモン調節などの基本的な生命維持、つまり植物性機能を調整しています。そのような脳の各部位の役割を外観から見ていきましょう。

口絵7―1（6ページ） は、ハシブトガラスと他の鳥の脳を腹側と背側から見たものです。脳幹と呼ばれる部位はハシブトガラス、カモ、ニワトリに大きな差は見られません。しかしカラスの大脳は、カモやニワトリより大きいことがわかります。

もともと鳥類の中脳は、発達して側方へ突出していることと、視覚の情報が多く集約されることから、視葉という名称がついています。哺乳類では上丘と呼ばれる部位ですが、大脳に覆われて見えません。カラスの場合も同様です。ニワトリは背側から観察しても視葉の一部が見えますが、カラスでは見えません。カラスは鳥類の中でも大脳の発達に優れ、哺乳類に次ぐかもしれません。ニワトリ、カモの脳は前三分の一くらいが細くなり、その先端は嗅球になるのですが、カラスの脳は前方も丸みを帯びていて嗅球が明瞭にわかりません。

この様子を数値にしてみます。単純に大脳と脳幹の脳全体での割合を考えると、ハトやニワトリでは脳幹が約三十三パーセント、カラスでは約十三パーセントです。それに対して大脳はハト、ニワトリで約五十三パーセントですが、カラスではなんと七十九パーセントにもなります。これを脳内比（脳幹を一とした場合の大脳の値）で表すとハシブトガラスが六・一で、筆者が調べた身近な鳥の脳の中では最も大脳が発達していることになります。次いでハシボソガラスの五・七、スズメの三・四が大きい方で、ニワトリやハトでは約一・六となり、大脳はそれほど大きくないことがわかります。

大脳の中を覗いてみる

脳を外観から見るだけなら、カラスの新鮮な死体を手に入れて頭蓋を少しずつ剥離していけば全貌を観察することはできます。しかし、それだけでは脳の中を見ることはできません。人間の世界ではＣＴを使って脳内の状態を見ることができます。最近では、獣医領域でもＣＴを導入している大学や動物病院は増えているのですが、そう手軽ではありません。また、ＣＴだけでは細胞の並び方までは見えません。脳組織まで確認するためには、やはり解剖による顕微鏡観察まで進める必要があります。

そこでカラスの脳を手動スキャンというか、ミクロトームという特殊な装置で二十分の一～十分の一ミリの厚さにまで薄く切っていきます。厚さにもよりますが、切片は三百～六百枚にもなります。それを一枚一枚スライドガラスに張り付け、細胞が見えるように特殊な染料（ニッスル染色）を施します。そうすると、顕微鏡の世界ですが、脳の細胞の配列が見えるようになります。解析の目的にもよりますが、CTスキャンのイメージ像が欲しければ一枚一枚の内部の様子を写真に撮って画像データとしてコンピューターに取り込み、その内部構造を画像処理によって立体構築する必要があります。また、神経細胞数を求めるような場合は、いくつかの場所の一定範囲内の神経細胞数を数え、全体の面積や体積を求めて推計する方法があります。いずれにしろ、かなりの人海戦術になりますが、このようにしてカラスの脳を覗いていきます。

カラスの脳解剖

カラスの脳は外套がよく発達しています。だから、他の鳥より脳が大きく見えるのでしょう。とはいっても、空を飛ぶためには哺乳類より頭のサイズを小さくしなければなりません。したがって、カラスは外套の細胞を脳の表面ではなく、脳の内部に押し込んでいるのです。おそらく、根本的な働きをする細胞集団、少し高度なことを調整する細胞集団というように住み分けしたのでしょう。したがって外套は、本能的な学習能力を司る弓外套、訓練あるいは経験によって学習する巣外套、より高度で総合的な知的判断を行うための中外套、高外套など、様々な部位に区分できます。また、これら高外套、中外套、巣外套は、複数の感覚情報を受ける哺乳類大脳皮質の連合部としても位置づけられます。

哺乳類の外套は、脳の表面近くの五ミリメートルくらいの厚さの中に、「情報を受け入れる」「指令を出す」などの役割をもった細胞が、その役割ごとに並んで地層のように層をつくっています。一方、カラスに限ったことではありませんが、鳥類の終脳[注2]を構成する外套は少し様子が違います。細胞は層をつくらず、いくつかの細胞集団として核構造があります。その細胞集団ごとに役割があり、哺乳類と同じように入力を受ける細胞核、出力をする細胞核があるのです。さらに、その細胞集団は分化の中で初期に形成されるものと後から形成されるものがあります。その形成の順番からいくつかの大きな区分の層に分かれます。脳の断面を外側から見ていくと高外套、中外套、巣外套、弓外套、淡蒼球の順になります（図7—2）。

ところで、外套には知的な行動を司る最高司令塔があります。学習や知的な行動は、この外套の発達に大きくかかわってきます。哺乳類の場合、この外套部分を増大するため多くの凹凸、つまり脳回と脳溝をつくります。これが脳の皺と呼ばれているものです。この凹凸の皺を伸ばすと、人間の脳では新聞紙一面を広げた面積（約二千二百平方センチメートル）になるといわれています。いわゆる、外套の面積を広げる戦略になります。

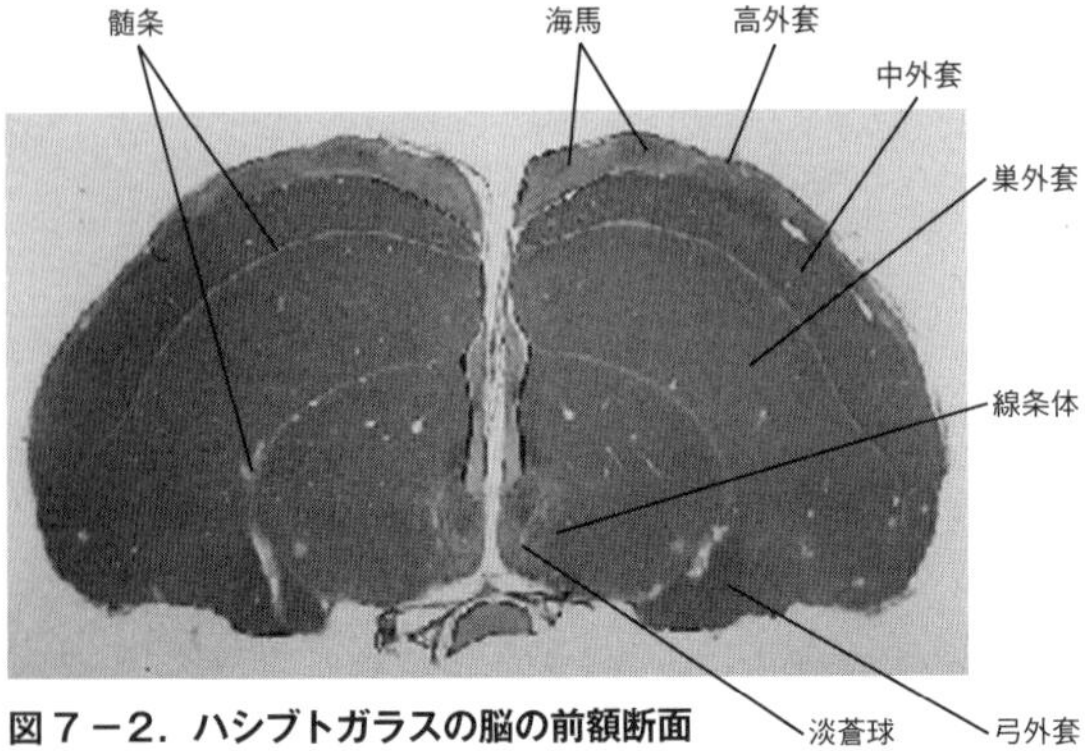

図７－２．ハシブトガラスの脳の前額断面

では、このような戦略をとらずに、核構造として外套を脳の内部に形成したカラスの脳はどのように発達しているのでしょうか。それを見ていくためには、薄く切った脳のスライスを丹念に観察し、細胞の塊の特徴を捉え、塊ごとにラインを引いていきます。それをコンピューターに取り込み、細胞集団（各核構造）ごとの形や体積を求めます。そのデータを用いて各外套の広がりを見るために脳を立体構築すると、カラスでは高外套、中外套が脳のほとんどを覆っています**（口絵7―2、7ページ）**。嗅球もわずかにあるのですが、他の鳥と違って外套に覆われ見えません。一方、ニワトリやカモなどではその広がりは小さく、巣外套や弓外套も、側面や後方では表面に出ています。

・外套と髄条

ハシブトガラスの外套の容積は約一万千百三十四立法ミリメートルです（表7―1）。そのうち高外套が二十、中外套が二十三、巣外套が四十四、弓外套が十二パーセントを占めます。それとは別に海馬という部位があり、それが一パーセントになります。カモの外套容積は三千七百五十八、ニワトリは二千百九十六、ハトは千百二十、スズメでは九百九十七立法ミリメートルです。そして例えばカモの各外套の割合は、高外套が十二、中外套が二十三、巣外套が四十八、弓外套が十六、海馬が一パーセントを占めます。このことからも、カラスの高外套が発達していることがわかります。脳を薄切りした断面では、それぞれの外套の境界に神経線維がまとまって走行していると思われる髄条が見えます。各細胞集団の広がりや形を調べるためには、この髄条を頼ることが多いのです。

表7―1．鳥類の外套容積（単位：mm^3）

ハシブトガラス	11,134
カモ	3,758
ニワトリ	2,196
ハト	1,120
スズメ	997

高外套は、前後で見ると脳の先から確認できますが、海馬が見られる部位からは海馬の側方に位置しながら大脳を覆うかのように最表層に広がっています。この外套は、感覚と運動の情報を処理すると考えられています。中外套は高外套の下に位置

する細胞集団で、やはり前方から確認でき、高外套より外側に張り出して、巣外套を覆うように広がっています。また、高外套よりも後方への広がりもあります。

ですから、カラスの大脳の後方は、中外套により表面が形成されていることがわかります。巣外套は中外套の下に位置する細胞集団で、最も容積が大きい外套です。外套の底部でしっかり、これまでの外套を支えるかのように厚く広がっています。カラス以外の鳥はかなり広く脳の表面に出ています（口絵7―2、7ページ）。高外套、中外套、巣外套の間には、明瞭な髄条が見られます（図7―2）。カラスの脳が発達したのは、中外套と巣外套が大きく発達したためと考えられています。この中外套と巣外套は、記憶の貯蔵と形成に重要な働きをすると考えられています。また、中外套後部の聴覚に関する部位と巣外套後部の鳴き声形成にかかわる部位は、さえずりの学習と生成や聴覚刷り込みの神経路になっているようで、カラスのような鳴禽では重要です。

このような各細胞集団の間に見られる髄条は、他の鳥類に比較してカラスが最も明瞭です。その要因は、あくまで推測ですが、その元になる神経細胞が多いこと、細胞の存在する場所と神経経路の占める場所が整理されていることによるものと考えています。いわゆる白質部と灰白質部[注3]が明確になっているわけです。ハトやニワトリでも髄条は見られますが、カラスほど明瞭ではありません。さらに、側脳室腹部で内側寄りの中外套には、島状に丸く集まった細胞集団が、片側の外套だけで五～六個あります。周囲の細胞からは髄条で隔てられています。ハトやニワトリでは島状の細胞集団は見られませんが、ニワトリの同じような中外套の部位は終脳連合野といわれ、視覚情報を使った視覚刷り込みに重要な部位として知られています。そんなわけで、カラスはその部位がさらに高度化しているのではと期待をもってしまいます。

表７－２. 脳の神経細胞数（推定）

人（大脳皮質）	140億
ハシブトガラス	２億3,000万
カモ	6,000万
ニワトリ	4,000万

・神経細胞と神経回路

さて、このような組織学的特徴をもったカラスの脳ですが、どれくらいの神経細胞数が詰まっているのか、興味がもたれます。ちなみに人の大脳皮質は約百四十億個の神経細胞があるといわれていますが、筆者らの研究結果では、ハシブトガラスの終脳全体の神経細胞数は二億三千万個程度と推定しています（表7—2）。一方、カモが六千万個、ニワトリが四千万個と推定されました。カラスの脳は容積が大きいので細胞数も当然大きい値を示すのですが、神経回路は数に比例というよりは指数的に増えますので、脳内回路は一段と発達しているものと考えられます。その裏付けのために、シナプス形成[注4]の形態的構造となる樹状突起棘《じゅじょうとっききょく》について、数的な検討を行い

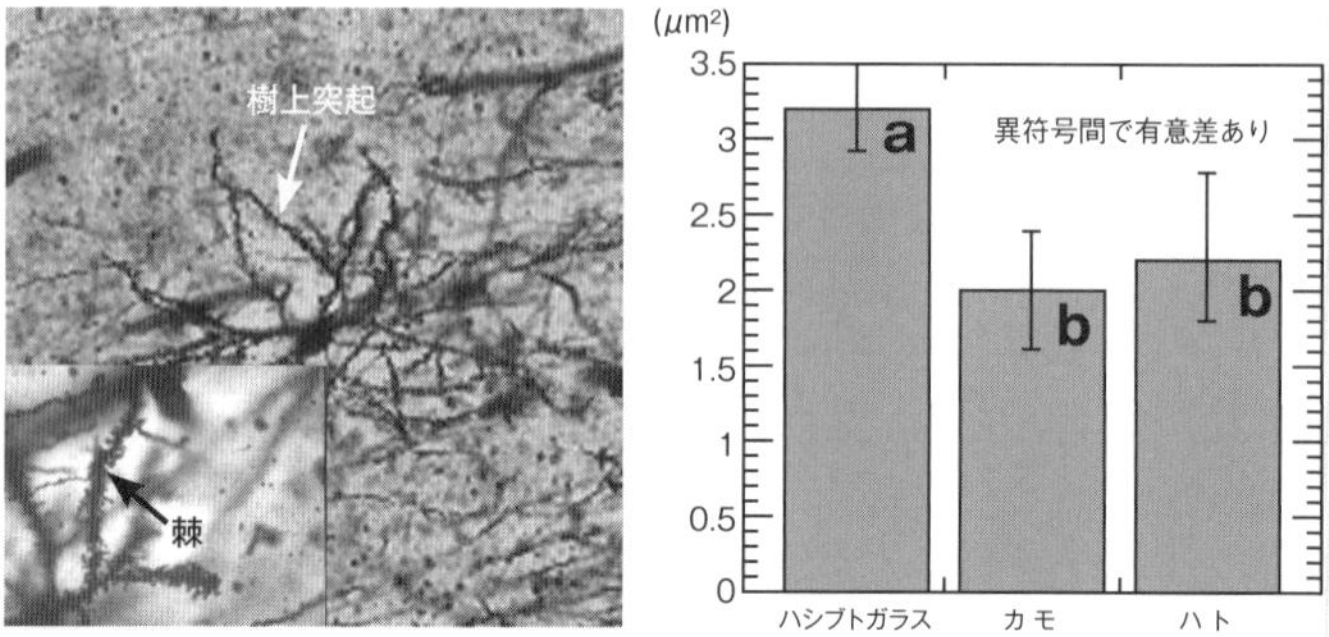

図７－３．各種鳥類の樹状突起棘の面積
ハシブトガラスはカモやハトと比べ、有意に広い。

ました。

神経細胞には細胞体を中心にして、樹状突起という木の枝のように枝分かれする突起があります。この突起は、まるで木の枝が先端に行くまでに何本もの細い枝になるように、先に進むとさらに枝分かれします。その枝には棘が無数に出ています。これを樹状突起棘といい、他の細胞からの信号を受けるシナプスを形成しています。この数が多ければ神経回路ネットワークが豊富と考えることができます。そこで私たちは、画像の樹状突起棘を面積計算して他種と比較してみました。その結果、高外套においてカラスではカモやハトよりも樹状突起棘の面積が広いという結果を得ました（**図7—3**）。神経回路形成の数的な潜在性を示す結果と考えています。

この神経回路はシナプス形成と表裏一体です。そのため、シナプス形成や伝達物質の受容体形成にか

表7－3. 脳における神経伝達物質の含有量（単位：ng）

	ドーパミン	セロトニン
ハシブトガラス	9,990	5,286
カモ	4,344	5,710
スズメ	1,170	811
ニワトリ	650	1,479

かわるドーパミンやセロトニンの動態が気になりはじめ、組織学的な展開だけでは、カラスの脳研究は収まらなくなりました。脳をすり潰し、多くの化学的処置をした後、モノアミン成分を分析したのです[注5]。その結果、ドーパミンはハシブトガラスの脳全体で約九千九百九十ナノグラムを示し、カモの四千三百四十四、スズメの千百七十、ニワトリの六百五十ナノグラムに比較して多いことがわかりました。一方、カラスの脳におけるセロトニン含量は五千二百八十六ナノグラムで、カモが五千七百十、スズメが八百十一、ニワトリが千四百七十九ナノグラムでした（表7―3）。

ドーパミンは成長に伴う樹状突起棘の形成や行動の発動、認知、学習に重要な神経伝達物質です。さらには快の意欲、つまり報酬やパートナー成立にも促進的に働きかける神経回路にかかわるとされています。一方でセロトニンは、人の場合、意識の覚醒に深くかかわりながらも感情調整を行い、心理的に安定させるともいわれています。実際には、これらの物質がそれぞれの神経核にどのようなバランスとタイミングで作動しているかの展開は、行っていないためわかりません。いずれにしても、このような脳をもったカラスはどんなことができるのか興味深いところです。

4 知的行動・記憶・学習

外套は形成の順番でいくつかに分かれることを先に説明しました。これから展開するカラスの知的と思われる行動の多くは、高次に形成された高外套、中外套および巣外套の回路が連携して司る行為になります。高外套は感覚と運動情報を処理する場所と考えられています。また、中外套と巣外套の二つの領域が記憶にとって大切な場所です。したがって、これら三つのネットワークで訓練や経験によって得られた学習経験をもとに、それらを組み合わせて新たな別の行動を考えつきます。

例えば、偶然車に轢かれて割れたクルミの実を食べた経験があるカラスがいたとします。別の日にクルミの実を見つけました。でも、硬くて割れません。そのうち、車に轢かれて割れたクルミを思い出します。割れていた状況を思い出し、その経験からクルミを道路に置いてみようと考えを進めます。こんな感覚、記憶、動きの流れをつくるのが高外套、中外套、巣外套の働きです。もちろん、これら以外に記憶に深くかかわる海馬など、他の大事な領域もかかわっていますが、最終的には高次の外套によって知的行動が引き起こされます。

顔写真の弁別実験

カラスは意地悪をした人の顔を覚えていて、仕返しをするという都市伝説的な話があります。仕返しをするかどうか、その真意を確かめるつもりはありませんが、カラスの弁別（物事の違いを識別する）能力を調べる一つの研究として、カラスが人の顔写真を見分けられるかどうかを調べました。

このような実験は前述の脳解剖と異なり、カラスが飛び回れる比較的自由度の高い空間が必要です。三×三×二・五メートルの実験檻を用意し、その中で行います。実験を開始する前に環境に慣らすため、カラスをその檻で一週間ほど飼育します。この場合、餌箱も実験に使うものと同じ器を用意します。水は不断給与というか、カラスはよく水浴びをしますので、容量約二十リットルのタライに水をなみなみと満たしておきます。それを檻の隅に設置します。弁別能力の評価としては、狙いどおりの顔写真をカラスが選べば餌を食べることができ、そうでない方を選択すれば餌にありつけないというオペラント条件づけ（報酬と罰）を方法として用いました。

さて、実験です。カラスには事前に基本的なことを教える必要があります。選択の対象となる写真は紙にプリントして、その顔が器の蓋になる仕掛けです。カラスは、その顔写真を嘴で突き破れば餌にたどり着けます。まず、カラスに器の紙蓋を破って餌を捕ることを覚えさせます。好奇心の強いカラスですから、餌を入れて白い紙で蓋をした器を檻に一日くらい放置しておくと、蓋はズタズタになります。つまり、紙蓋を破れば餌があることを経験したのです。このような行動学的アプローチの一つ一つが、カラスとの会話のようなものです。そうやって、実験者もカラスも相互に慣れてくるのです。

実はこの段階で、カラスは人間の「個」を識別できるかという疑問の解答は出ています。カラスは実験者を十分に弁別していて、餌をもらえる相手には甘えるように羽をソヨソヨと羽ばたかせます。他の者が近づくと警戒し、せわしなく飛び回ります。ときには警戒の鳴き声を発する場合もあります。つまり、近づいてくる人間の個体弁別ができているのです。ただ、このレベルでは尾を振ったりすり寄ってくる犬や猫とそう大きな相違がありませんし、ケースレポートで終わってしまいます。再現性や不変性の証にはたどり着けません。やはり、実験を進めるしかありません。また、犬や猫との違いがあるのかなど、実験の意義が深まります。

いよいよ本格的な実験に進みます。普段は餌として市販の成犬用ドッグフードを用いているのですが、カラスのモチベーションを上げるべく、ビーフジャーキーの細切れなどいつもより高級な食材を仕掛けの餌箱に入れます。もちろん、ハシブトガラスの好物であることは検証済みです。

その後は次のように進めます。AさんとBさんの二人のカラーの顔写真を印刷した上質紙をたくさん用意します。黒色で直径十二センチメートル、高さ五センチメートルのプラスチックの円柱の器に、顔写真の紙を切り抜いて蓋をし、縁止めをします。縁止めは、あらかじめ器についていた塩ビ製の蓋を縁だけ残し、内側を切り抜いたものです。縁止めが紙蓋を器の縁に食い込ませるようになり、蓋が緩みなく、障子をピンと張った感じになります。ですから上質紙でも、カラスの嘴で突けば簡単に穴が開きます。

このような準備のもと実験開始です。檻の中の所定の場所にAさん(餌あり)、Bさん(餌なし)の写真で蓋をした二つの器を五十センチメートルほど離して設置します。そして、カラスに器を選ばせます。初日の第一回目の試行では、カラスにはどちらの顔写真の器に餌が入っているのかわかりません。偶然当たることもあれば、当たらないこともあります。一試行ごとに当たっても外れても二つの器を取り上げ、破れた側を取り換えてリセットします。このような試行を一日十回繰り返します。

どちらに餌があるかわからないのですから、初日は正解率は五十パーセント程度になります。しかし、二日、三日と実験を繰り返すうちに、正解率は六十、七十パーセントと上がっていくのです。個体によりますが、二日目で七十、八十パーセントと高正解率を出し、三日目では十試行中すべて正解するカラスも現れます。最初にこのような実験を行った際、三羽のハシブトガラスを用いたのですが、どのカラスもどちらの顔写真の蓋に餌があるかを学習することができました。

このような二人の顔写真の実験を基礎として、四人、八人、十五人の場合も試してみました（図7—4）。二人の学習が成立した三羽のカラスで継続して実験を行ったのですが、成績に多少の差はあるものの、どのカラスもおおよそ正解することができました。つまり、カラスはこのような実験設定で簡単に十五人の中から正解（一人）の顔写真を選ぶことができたのです。また、人の顔がどんな方向を向いていても正解を選ぶことができました。八とか十五個の器を整然と並べておくことはできないので、自ずと毎回いいかげんに器を撒き散らすことになります。結果的に、正解の顔写真は横を向いたり逆さまになったり、全く法則性がない置き方になってしまいます。それでもカラスはきちんと正解を選ぶことができました。このことから、カラスは正解の顔写真を単純な図形としてではなく、どのような向きであろうと総合的（二次元ではあるものの）に弁別していることが考えられます。

しかし、正解の写真に使われた実際の人物を認識しているわけではありません。実験中には正解の写真になった本人が檻に入る場合がありましたが、カラスはその本人をめがけて突きに

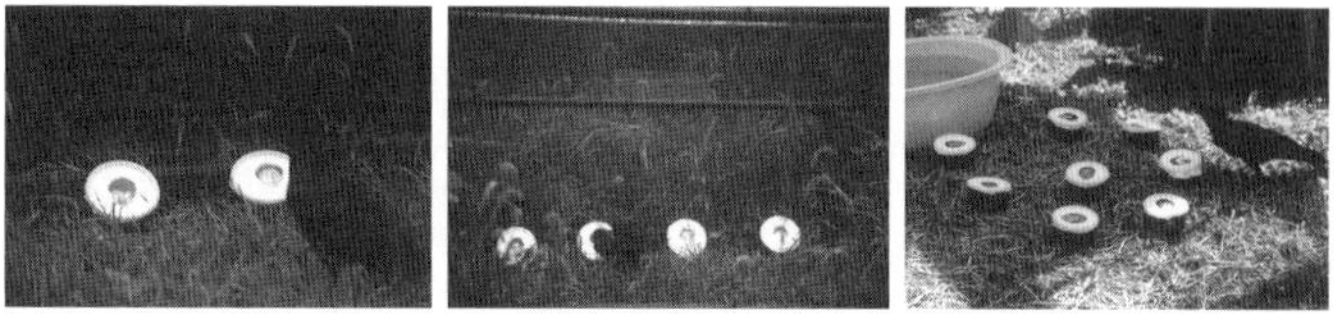

図７−４．顔写真弁別実験の様子

行くことはありませんでした。物の弁別能力があっても、その人の写真と実物が同一という認識はないのでしょう。あくまでも、図や絵の違いがわかるのと同程度の弁別能力と考えるのがせいぜいです。

ただし、絵のパターンに多少変化があっても、共通概念を見出して認識する力はあります。というのも、先の実験では真顔のAさんとBさんの顔写真を弁別しましたが、その後に行った別の実験では、それぞれの顔写真を笑顔、怒った顔、悲しい顔に変えても正解できたのです。写真の中からどのような共通要素を切り取って判断しているのかについてはまだ未解明ですが、一つの情報をもとに幅のある弁別力が形成されていることは確かに思えます。

このような成果は、ハトを用いた実験でも得られています。慶応大学名誉教授の渡辺茂先生は、ハトがピカソとモネの絵やサザエさんの絵を弁別できることを証明しています。ある特定のピカソとモネの絵の識別ができることはもちろんですが、モネの絵十枚、ピカソの絵十枚を用いてそれらを混ぜて提示しても正解を導けるのです。つまり、何か共通の情報をもとに画風を読み取っていることになります。私たちのカラスの実験とは方法が少し異なりますが、オペラント箱というハトが一羽入るくらいの実験用箱を用意し、設置されたスクリーン上の目的の絵を弁別できればハトが餌にありつけるという方法です。正解率は九十パーセントですから、ハトもなかなかの弁別能力をもっていることがわかります。このようにピカソやモネの絵を見分けられるのですから、ハトも人の顔写真を十分に弁別することができると考えます。

さて、ここまで話を進めても、カラスが個人としての人を弁別できるのかという問いの回答は得られません。写真はあくまでも絵の弁別になります。この点について、アメリカ・ワシントン大学のジョン・マーズラフの研究グループが興味深い報告をしています。このグループは、キャンパス内の様々な場所に棲息しているアメリカガラスの一羽一羽を把握していました。そのアメリカガラスを使って弁別能力を確かめる実験をしたのです。

まず、恐い表情をしたお面をつけるなどして、様々な特徴をもった個々の顔をつくりました。さらには、カラスに意地悪をする悪役の人を設定しました。キャンパスを歩くとき、その悪役はかなり形相の悪いお面をたえず顔につけました。そして、カラスを捕まえて、怒らせたり、脅すなどしてから放鳥しました。その結果、悪役のお面をつけた人が被害にあったカラスの棲息区域を歩くと、そのカラスはお面をつけた人に向かって威嚇の鳴き声を出したのです。さらにはその後、地域の他のカラスが同じように悪役を見つけると警戒の鳴き方をするようになりました。ここから二通りのことが考えられます。まず、被害を受けたカラスは個の顔の特徴を覚え、様々な特徴をもった個々の顔から悪役を弁別しました。そして、周囲のカラスにも危険人物であると弁別されました。周囲のカラスが被害にあったカラスの行為を見て学んだのか、カラス同士のコミュニケーションによるものなのかはわかりません。しかし、周囲のカラスも特定の人を他者から弁別し、警戒の鳴き声を発するようになったのは事実です。このような検証からも、また筆者の日常の飼育経験からも、カラスには個人を弁別する力はあると考えています。

このワシントン大学の研究は、さらに先端科学の手法を取り入れて展開されています。以下は『世界一賢い鳥、カラスの科学』（ジョン・マーズラフ、トニー・エンジェル著、東郷えりか訳）を引用しながら説明します。研究グループはポジトロン断層法[注6]を用いて、生きたカラスの脳の活動を見ていきました。断層撮影前に世話などで慣れた人に出会わせたカラス、そして形相の悪いお面をつけた危険人物に出会わせたカラス、それぞれの脳活動をリアルタイムで観察したのです。すると、両者の脳活動には大きな違いが見られました。慣れた人に出会ったカラスの脳は、巣外套、中外套に加えて、社会的交流があった場合に活性化する社会脳として知られる視索前野と線条体が活発に活動していました。一方、危険人物に出会ったカラスでは、巣外套、弓外套、扁桃体および、恐怖や不安な状況で反応する視床と脳幹が活発になっていたのです。
つまりカラスは、個体弁別はもちろんのこと、学習した経験と関連付けて個々を認識していたのです。

疑似概念実験

これまでの研究は、正解である器の絵を一つ覚えれば餌にたどり着く、いわば単純な弁別実験です。一方、これから紹介する概念分けは、そのような単純な弁別実験ではありません。私たちは物事を整理するとき、多くの要素のうちから共通した部分を切り取り、グループに分けることがよくあります。例えば、講義室の中に男性が何名、女性が何名と数える場合、いちいち名前や学籍簿を確認せずに、顔や衣類から大まかに男女を分けて集計することがあります。このときは、顔立ち、髪の毛、容姿、表情など、複合的に要素を組み合わせてグループ化していることになります。

ここでは二種類の実験を紹介します。一つ目は、男女の顔写真を弁別する実験です。考え方としては、先に紹介した慶応大学の研究と類似しています。私たちはモネとピカソの絵ではなく、男女それぞれ七名の顔写真を用いました。髪型などの特徴はカットし、できるだけ正面真顔の肌の部分だけになるよう、撮影時には黒のニット帽を着用してもらいました（図7―5）。実験の方法は、これまでと基本的には変わりません。まずは、特定の男性、女性の顔写真を用いて二者の弁別ができるように学習させます。餌は女性の顔写真側に入れます。数日実験すると学習が成立することは、前述のとおりです。学習が成立したら、その二名を含む男女それぞれ七名の顔写真をランダムに提示します。すると、一日ほどカラスは混乱しますが、その後はルールを汲み取った様子で、どんな女性の写真でも男性と弁別できるようになります。

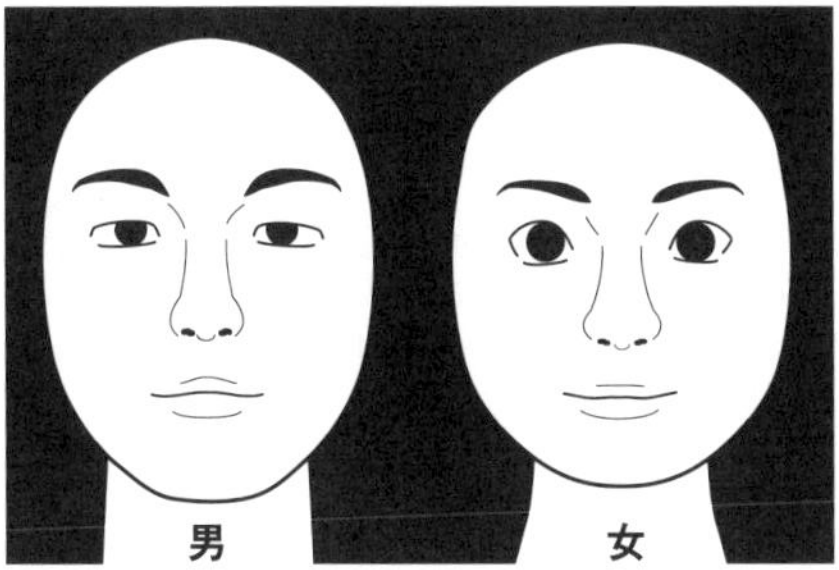

図7－5．疑似概念実験
男女の顔写真を提示。

この場合、ハトがモネとピカソの絵の違いを画風から読み取ったように、カラスが男女の顔に何らかの共通性と非共通性を見出し、弁別が可能になったと考えられます。そこでどこがポイントになるのか、目、口、鼻の部位をカットした写真をつくり、その組み合わせで実験を展開させました（図7―6）。するとカラスは、目と鼻、口と目、鼻と口など、要素が二つ以上残っていると変わりなく弁別できたのですが、目、口、鼻の一つだけしか見えていない場合や顔を三分割して輪郭が大きく削除

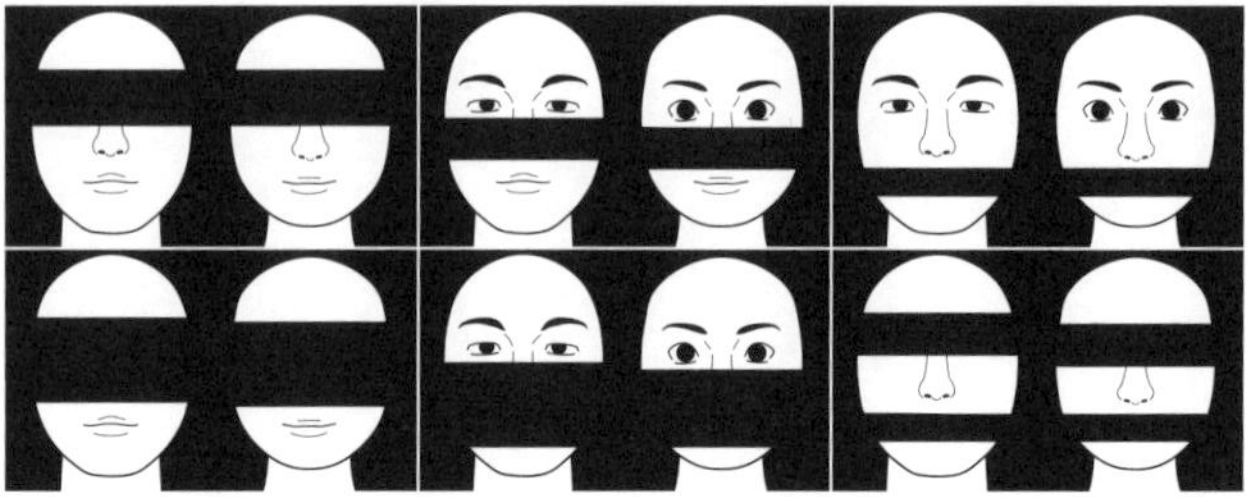

図７－６．疑似概念実験２
顔の一部を隠す。

されると弁別できないことがわかりました。

これらのことから、カラスは写真を一枚一枚丸ごと暗記して弁別情報にしているのではなく、それぞれの写真から共通の特徴を切り抜き、概念形成に使っていることが考えられます。さらに、最初に見た写真の情報が一部欠けていても弁別できました。この場合、頭の中で元の写真を再現させて弁別できているのか、類似形として比較の結果で判断しているのかわからないのですが、情報を抽象化する思考過程がありそうです。

また、この実験からは輪郭も重要な弁別要素であることがわかりましたので、別の方法でも調べることにしました。特定の男女の写真を使い、例えば縦サイズを三分の二、横サイズは一・五倍にし、顔をだいぶいびつにして提示したのです（**図７－７**）。すると、カラスは一度覚えた正解者の顔写真について、そのように変形させても選択することができました。顔の輪郭や各部位の縦横比はかなり変形しています。それにもかかわらず、カラスは正解側を選んだのです。絵（写真）を見て基本形との共通性を見出しているのか、人間のように「この写真は○○さんだな」という観念があるのか、様々な見解がわいてきます。

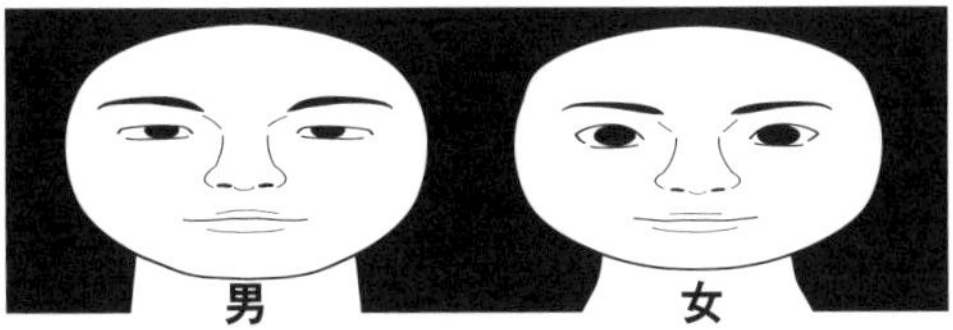

図７−７．顔の輪郭を変えた実験
このように縦横比を大きく変形させても正解を選ぶことができた。

このような概念形成を、図形についても検証してみました。例えば、三角形にも正三角形、二等辺三角形などがありますが、さらに多様な三角形と正方形、長方形、台形、五角形など、多角形を弁別する実験も行いました。まず、正三角形と正方形の弁別を学習させます。それが成立すると、顔写真弁別実験と同じように、カラスに提示する餌箱の蓋の図形を、多様な多角形と三角形にランダムに置き換えていきます。それでもカラスは三角形と他の図形の弁別ができました。

ズキンガラス（ハシボソガラス亜種）においても、色、数字、点の数を組み合わせた共通概念形成による弁別実験で、グループ化思考の形成が報告されています。こうして考えると、カラスは弁別するための共通性や非共通性を見出す生き物なのだと、つくづく思い知らされます。

弁別能力に影響を与える色や空間

これまで、カラスは図形や人の顔写真の違いを弁別し、いくつかの共通要素を見出して概念的なまとめ方ができることを示してきました。そこで、今度はその能力発揮と環境にはどのようなかかわりがあるのか、気になったのです。例えば、私たちは本を読んでいて大事なところに出会うと、後ですぐ見つけられるようにマーカーで印をします。色は目立つので、他との違いがすぐわかるからです。また、何かストレスがかかっていて気が散ると注意力が散漫になり、学習の効率が下がります。カラスにもそのようなことが起こるのか調べてみました。

カラスは色覚に優れた生き物ですから、手はじめに色の影響を調べる実験を行いました。人間の場合、青は気持ちを安定させ集中力を高めるので学習効率を上げ、赤は気持ちを高めるので学習効率を下げるといわれています。この実験では人の顔写真を標識として、その顔写真をカラー、モノクロ、黒の塗りつぶしの三種類に設定しました。実験方法はこれまでと同じように、餌ありと餌なしの容器にそれぞれ目的の写真をプリントした蓋を用意しました。正解（餌あり）の容器は男性の顔が印刷された紙で蓋をして、不正解（餌なし）の容器は女性の顔の紙で蓋をします。カラー印刷されたグループには四羽、塗りつぶし印刷、モノクロ印刷のグループにはそれぞれ三羽ずつのカラスを用いて実験を行いました。カラスがどちらか一方の容器を突いて中の餌の有無を確認するまでを一試行とし、一羽のカラスにつき一日十試行実施しました。もちろん、試行ごとに容器の位置をランダムに変えていきます。

その結果、カラー印刷した顔写真を使った場合、二羽は二日目で正解を学習し、他の二羽は学習に三〜四日かかりました。四羽の学習成立日の平均日数は二・七五日でした。一方、同じ顔をモノクロに印刷したものと、顔の輪郭だけがわかるように顔を真っ黒に塗りつぶした絵で同じように実験を行った場合、どちらも八日経ってもその違いを弁別できなかったのです。

このような実験から、カラスが物を識別する際、色は非常に重要であることがわかりました。ただ、前述のピカソとモネの絵の弁別を調べた渡辺茂先生の実験結果では、ハトは色や形ばかりではなく、絵の特徴を含めて総合的に二人の絵の違いを弁別していると考察しています。したがって、カラスにおいても色覚はもちろんのこと、顔の輪郭などを総合的に捉えて顔写真を弁別していると考えられます。筆者が行った実験では、輪郭だけでは弁別できないこと、色彩情報も弁別には必須であることが明らかになりました。なお、第2章でも述べましたが、紫外線や青い光源を用いた方が学習の成立が早かったので、青系の色が学習成立にはよい要素になると考えています。

コラム〈3〉

ストレスと学習

行動実験は記録や観察の都合上、どうしても限られた空間、つまり檻の中で行われます。しかし、普段は大空を飛び回っているカラスですから、ネズミの迷路実験のように極端に狭い場所で実験を行うわけにはいきません。人間にとっては狭い空間の方が作業には好都合なのですが、カラスが相手ではそうは言っていられません。人間にも閉所恐怖症があります。そして、雑音があったり狭い場所に閉じ込められるといったストレスを感じると、注意力が散漫になって作業効率が下がることがあります。そんなわけで、空間がカラスの学習にどのような影響を及ぼすかを調べる実験を行いました。

3つの大きさの檻を用意し、空間ストレスを与えた状態で○×の弁別試験を実施しました。檻の大きさは、①三百×三百×二百五十、②百五×六十七×七十三、③六十×六十×四十五センチメートルです。便宜状、大きい方から順に大、中、小と呼びます。方法はこれまでの実験と同じで二者択一です。

檻の大きさ別の学習成立日数

cm	平均日数
300×300×250（大）	3
105×67×73（中）	4.5
60×60×45（小）	9

その結果、学習成立までの日数は、大で平均三日だったのに対し、中では四・五日、小では九日を要しました。中や小では大に比べ一・五〜三倍、学習成立にかかる時間が長くなったのです。

このことから、カラスの学習能力や作業効率には空間の確保が大事であることがわかります。

このようなストレスと学習効果の研究は、哺乳類ではネズミでも行われていて、ストレスを加えると学習や記憶する力が低くなることが報告されています。

なおこのような実験は、動物に過度のストレスを与える場合がありますので、所属機関の動物実験委員会に実験の申請をして、倫理面からも審議され許可が下りないと行えません。

数量の識別ができるのか？

動物が数を数えるかという研究で、我が国はもとより世界的に有名なものは、京都大学霊長類研究所のチンパンジー「アイ」です。このチンパンジーは一〜九の数字について大小の意味づけをもって記憶できるようになり、これまでにマスコミでも大きく取り上げられています。

そこでやっぱり気になるのは、カラスに数量の識別ができるのかどうかです。これまでカラスの様々な弁別能力を紹介してきましたが、今度は絵柄の違いではありません。多い、少ないといった思考についての証明です。カラスが生活の中でそんなことを考える必要があるのかどうか疑問ではありますが、鳥類の中では知能的行動が多いとされるカラスですから、数的概念の有無について興味がわいてきます。

その疑問と興味に回答を出せるかどうかわからなかったのですが、とにかく実験に着手しました。その結果、少なくとも数の大小の判断はできることがわかりました。実験は、次のようなデザインで行いました。赤・黄・青・緑・銀の紙風船を用意し、それぞれの中にドッグフードを八個、六個、四個、二個、一個と数を変えて入れます（口絵7―3、7ページ）。もちろん、外からドッグフードは見えません。このような設定を便宜状、数式にして考えてみます。つまりA＋B＝Cで考えると、Aが風船の色として、Bがその中のドッグフードの数と仮定します。この条件でカラスが餌を多く得る、つまりCの結果になるには、A（色）とB（ドッグフード数）を体験してCの結果を考えなければいけません。

さて、このような実験プランを実行します。各紙風船をカラス小屋に撒きます。最初はカラスも、どの色のものを突いていいのかわからないので、結構いいかげんな選び方をします。しかし一週間もすると、赤や黄の紙風船、つまり餌の多い方を最初に選ぶようになるのです（口絵7―3の表）。あまりに出来がよいので、少し意地悪をしてみました。ドッグフードの数を逆にしたのです。つまり、銀色が最も多い八個、緑が六個、最も多かった赤を一個としたのです。すると二～三日、カラスは混乱した様子でした。「こんなはずはない！」とばかりに紙風船をバリバリに破ったのですが、やはり一週間もすると、ドッグフードの多い銀色の紙風船から選ぶようになったのです。つまり先に述べた、色のAという要素、ドッグフード数というBの要素、色とドッグフードの量を組み合わせたCという結果を理解したのです。算数ができるかどうかはわかりませんが、量の概念はありそうです。また、この実験からわかることは、カラスが紙風船の色とドッグフードの数を組み合わせて判断しているということです。

初歩的なことですが、カラスは三段論法的な知能行動を行っているのだといえます。人間でも七歳くらいからこの三段論法的思考ができるようになるといわれます。逆に考えれば、カラスも生きるための能力としては、小学校低学年くらいの思考能力が備わっていると考えてもいいのかもしれません。ただし、このような弁別は、風船ごと持ち上げるときや、最終的に風船を食い破って中のドッグフードを食べたときの質量感など、量的な物差しの判断が働いていることが考えられます。そこで筆者らは、数的な概念の有無をさらに確認できないものかと、次のような実験を行いました。

またもや、顔写真や図形弁別実験に準じる方法です。餌の容器の紙蓋に様々な数の模様を印刷します。器は二つですから、どちらかは模様が多い蓋、他方は模様が少ない蓋を用意します。模様の多い方を選ぶと餌にありつけるようにしました。カラスは写真や絵の違いを弁別する能力が高いわけですから、単純に模様の数を絵柄の違いと判断する可能性も十分にあります。そこで、同じ数でもプリントされる模様の位置はたえず異なるように工夫しました。まず、模様が三個と四個の器でトレーニングしました。四個の器を選ぶことができるようになるには二〜三日かかります。それができるようになったら、組み合わせとして五個と四個、六個と七個、八個と九個、七個と五個、六個と五個という具合に、あるだけの紙蓋を使ってランダムに餌の器を設置します。するとカラスは、いずれの組み合わせでも模様の多い器を選ぶようになったのです（図7—8）。

図7－8. 数的な概念の確認
模様の数が多い方の器に餌があることを学習。

この結果から、カラスは数を数えているか、あるいは絵柄としての総面積が少ない（白地の面積が多い）といった総括的な物差しで判断していることなどが考えられます。最近では、サイズ（大きさ）についての認識も証明されていますので、何とも判断ができずにいます。ただ予備実験として、模様の数は異なっても蓋の模様の総面積が同じになるように調整した実験も行ったのですが、それでも数が多い方を選択しました。

記憶の長さ

様々な弁別に関する実験を紹介してきましたが、カラスは弁別能力や学習能力が高く、その能力を用いて、自然の中でたくましくしたたかに生を営んでいることがわかっていただけたかと思います。

ところで、カラスが一度覚えたことをどれだけ長く記憶に留めておけるかについては、実験に時間や労力がかかることもあり、ほとんど確かめられていないのが現状です。経験的には、カラスの記憶力が優れていることはわかります。例えば、毎年同じ場所に営巣するつがいがいます。それが同じつがいだとしたら、一年前のその場所を覚えていることになります。また、一年ぶりの営巣技術も、本能といってしまえばそれまでになりますが、記憶の持続の結果としてできることです。

さらにカラスには貯食といって、餌を隠して蓄える習性があることはよく知られているところです。これも記憶力なくしては成り立たない行動です。このような能力は、短時間空間記憶実験を用いれば科学的に確認できます。例えば、餌の入っている器の場所を一定時間見せた後、カラスを別の場所に隔離します。一定期間を経て元の実験場所にカラスを戻す際に餌箱のダミーをたくさん置き、元の餌箱の位置を覚えているか、確かめる実験です。結果としては、周辺の様子と餌に入った餌箱の位置関係から適切に選ぶことができました。いろんな位置関係を捉えた空間記憶がカラスにはあるわけです。また、カラス属には入りませんが、ハイイロホシガラス（英名：Clark's nutcracker）というカラスの仲間は、餌である種を広い場所に隠し、六カ月後、それらを回収したことが報告されています。

学術的興味もさることながら、電力会社ではカラス対策として記憶の長さを知りたいようです。何度か述べているとおり、カラスが電柱や鉄塔に営巣することは多くあります。この営巣の際に巣の素材が原因で送電トラブルが起きるのです。結果として広域に停電が起き、電力会社は損害賠償を求められる場合もあります。ですから、何かカラスが恐れるようなものができれば、それをどれくらい長く恐れるのか、効果の継続の目安ができるわけです。

そんな電力会社からの熱い求めもあり、筆者らはカラスの記憶の継続についての実験に取りかかることにしました。カラスの繁殖や子育ては一年でひと回りですから、最低でも一年間の記憶持続を探る必要があります。ということは、ある事柄を覚えさせてから一年間、ひたすらカラスを飼育し続けなければならないのです。非常に時間と根気が求められる研究になること間違いなしです。

実験は、カラスを四羽ずつ六群に分け、それぞれ一カ月、二カ月、三カ月、六カ月、十カ月、十二カ月記憶群としました。いきなり一年の長さでは心配なので、途中のデータが得られるように一カ月記憶群、二カ月記憶群という具合に、記憶を確認する期間を段階的に設定したのです。各群とも一羽ずつ、顔写真実験と同じ方法で弁別を学習させました。赤と緑で蓋の半円を塗り分けたもの（餌あり）、黄と青で塗り分けたもの（餌なし）を用意し、まずはこれを学習させます。カラスにとっては単純な弁別ですから、数日で学習が成立します。学習成立後は、群ごとに設定した月日まで別の場所で飼育します。もちろん、類似する実験のようなことは行いません。そして設定した月日が経った時点で同じことをカラスに行わせます。すると、最初の学習成立時には二種類の標識の違いを理解するのに約三日を要したカラスたちですが、一カ月、二カ月、三カ月、六カ月、十カ月、十二カ月記憶群のいずれも大半のカラスが初日で百パーセント正解できたのです（図7―9）。この実験により、カラスは少なくとも十二カ月間は記憶を保つことができることを証明したのです。

観察学習

滑り台を滑るカラス、水道の蛇口をひねって水遊びをするカラス、走行中の車にクルミを割らせるカラスなど、カラスのユニークな行動がしばしば報道されます。多くの人は、カラスの賢さの表れとしてこれらの行動に興味をもつようです。また、クルミ割りは一定地域のカラス

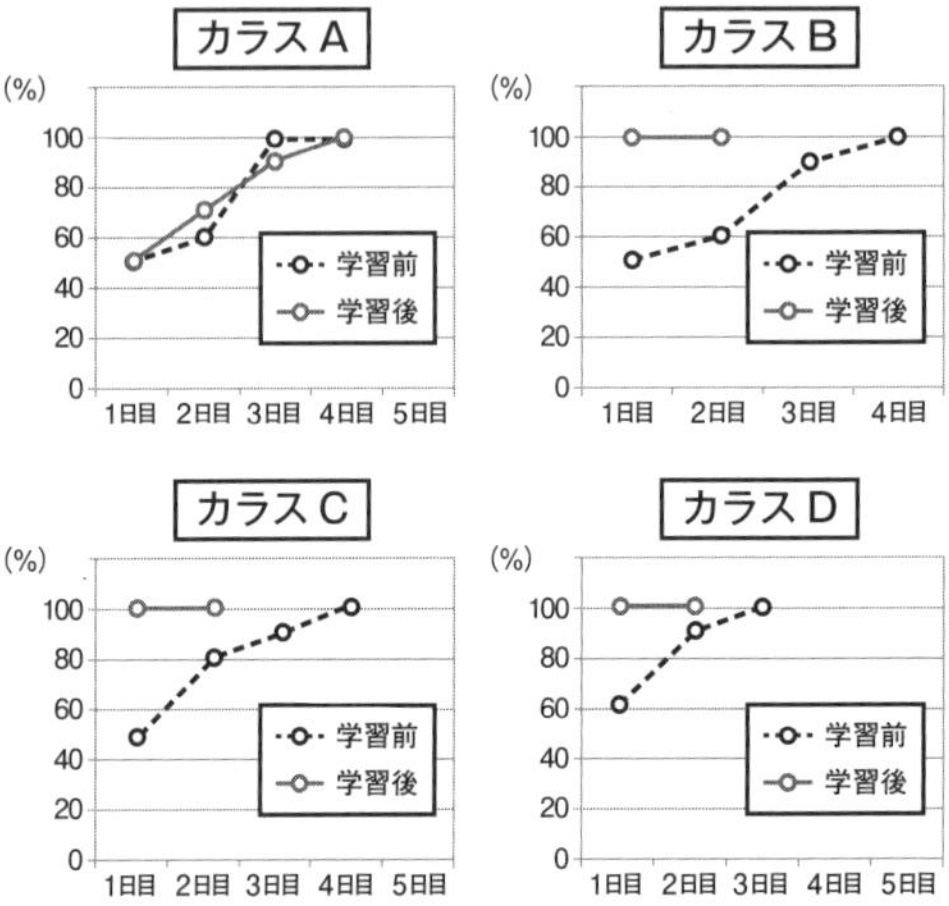

図７－９．カラスの記憶実験

10カ月後の結果。Aの個体以外は10カ月後にも初日から正解の模様を選ぶことができた。

が行うことから、その地域のカラスの文化とも考えられています。このような行為は本能として備わっているのであれば、どこでも、どのカラスでも行うことになりますが、そうではありません。つまり、特定の地域で人間や仲間の行動を見て、同じ行為を行う可能性を示唆しているのです。

　このような行動を起こすカラスは、どうやってその行為を身につけたのでしょう。突然、閃いたのでしょうか。そうではなく、おそらくは人間や仲間の行為を真似た結果かと思います。先に紹介したワシントン大学の実験では、カラスに危害を加える人物を、直接的に被害を受けた経験のないカラスまで弁別できるようになりました。また後に登場しますが、道具をつくるカラスにも見て学ぶプロセスがあります。その意味では、カラスは直接体験しなくても、見て学ぶことができる動物であることが知られています。筆者らは、何とか自分たちの目でそのことを確認できないものかと、カラスの観察学習を検証する実験を行いました。なお、観察学習に似た用語として「模倣学習」がありますが、模倣学習は観察学習を行った後に、それを基礎として新たな行為を効率よく学ぶ学習のことをいい、区別されます。

さて筆者らは、写真や図形の弁別実験の手法に、観察するカラスを加えました。つまり、大型檻の中央にマス目の大きいネットを吊るして中を二分します。それぞれのカラスがもつ空間の横幅がやや狭くなるのですが、どちらにも片隅に止まり木を設置し、水場も別につくって環境を整えます。檻の片側には試行を行うカラス、もう一方には仕切りのネット越しに試行を観察するカラスを入れます。餌の器の紙蓋は黄と青の二種にして、黄の蓋をした器に餌を入れ、青の蓋の器は餌なしとします（**図7―10**）。もちろん、最初の試行はそのような情報を得る機会がなかったカラスを用います。

実験は一日十回、一回ごとに餌の器の位置を変えて繰り返し行いました。観察ガラスはネット越しに様子をたえず見ることができます。試行ガラスは、やはり他の実験と同じく、初日は正解率が五十〜六十パーセントですから、弁別はできていません。二日目は七十パーセント程度と理解が進みます。そして三日目にはパーフェクト、百パーセント正解です。試行ガラスは三日で学習が成立します。さて、次に観察ガラスの番がやってきます。観察ガラスに同じこと

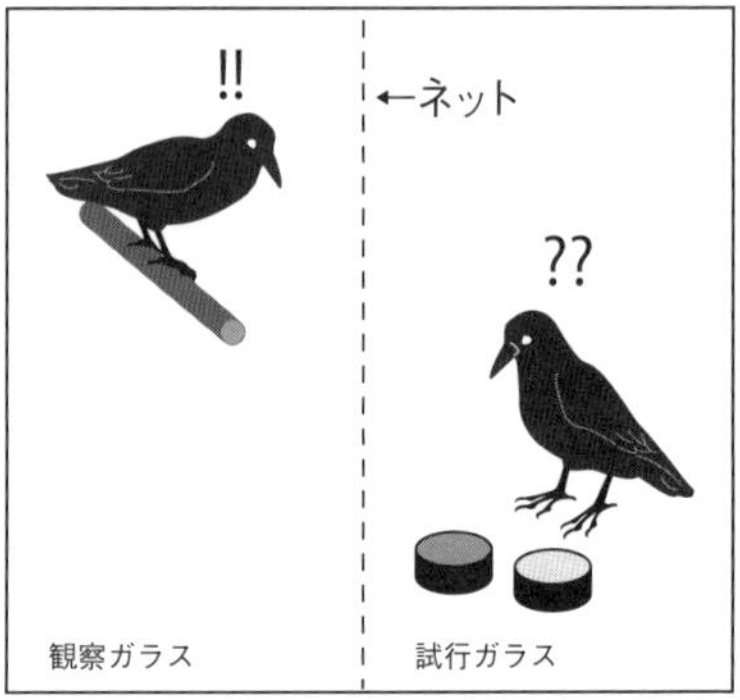

図7－10．観察学習の実験

をさせると、なんと初日から百パーセント正解したのです。やはり隣で行われていることを観察し、黄の蓋の方に餌があることを学んでいたのです。再現性も考え、このように試行・観察ガラスを三組つくって、それぞれ同じ実験を繰り返したのですが、他の二羽の観察ガラスも初日から百パーセントの正解率でした。

・他種からも学ぶのか？

次に、人間の行為からも学習するのかという疑問をもとに次の実験を行いました。つまり、観察ガラスがネット越しに人の行為を見て学ぶかどうかを検証するのです。同種の行動から学ぶことは、自然界で生きるために必要な能力ですが、他種である人間の行為からも利便性などを概念化して学び取るのでしょうか。

今度は、黄の蓋を破ると餌があることを人間が観察ガラスに見せます。つまり、青と黄の器を檻内に持ち込んで、黄の紙蓋を指で突き破り、餌をつまみだすという一連の流れをネットの向こうにいる観察ガラスに見せるのです。先の試行ガラスと同様、何度も繰り返します（人間ですから失敗はないのですが……）。さて、その後は観察ガラスの番ですが、数羽のカラスの正解率は初日から八十〜九十パーセントとなり、人間が見せても観察学習は成立するようでした。このことを考えると、滑り台を滑る、水道の蛇口をひねるといった行動は、人間の仕草を真似たのかもしれません。他種の動物の行為を自らの生命維持に価値あるものとして取り込む知能は驚きに値します。

5 道具を使う洞察力

道具を使うことは、人間であることの要素の一つのように考えられていた時代もありました。しかし、動物行動学の発展およびフィールド観察から、道具使用が人間の特権ではないことがわかってきました。チンパンジーが、棒を使って蟻の巣から蟻の子を引き出し、食べている姿が撮影されたりしています。このように、動物が道具を使う証が多く認められる時代になりながらも、道具使用はサルの仲間であるゴリラやオランウータンのような高等哺乳動物の世界だけと考えられがちです。

ところが一九九〇年代、カラスも道具を使えるという話題が、サイエンス誌やネイチャー誌で発表されたのです。そのカラスはニューカレドニアに棲息するカレドニアガラスです。先にも述べましたが、一般のカラスは全体重あたりに脳が占める割合は一・四パーセントであるのに対し、カレドニアガラスは二・七パーセントもあります。大きな脳があるから道具を使えるのか、道具を使いながら脳が発達したのかはわかりません。このカラスの知的行動に魅了された研究者は多く、数々の研究が報告されています。ここではその一部を紹介します。

道具をつくる・使う・覚える

そもそも道具を使うということには、二通りのパターンがあります。一つは、状況にあわせて周辺にあるものを見立てて使うことです。二つ目は、目的にあわせて道具をつくり、それを使って目的を達成することです。カレドニアガラスはより高度な後者ができるのです。つまり、あるものを目的にあわせて××に加工すれば○○という結果が得られる、という洞察力があるのです。

カレドニアガラスが本来もっている道具づくりは、パンダナスの葉を使い、枯れ木の中に棲む昆虫の幼虫を引き出すものです。カレドニアガラスは単に葉を細く食いちぎって棒をつくるのではありません。持ち手を丈夫にするため幅広に、先の方は細く、操作のしやすさと細い

図７－11．カレドニアガラスの葉を利用した道具づくり

葉を大まかに切り（①)、先が細くなるように調整し（②)、太いまま残した箇所をくわえ（③)、獲物が引っかかるよう葉のギザギザを上向きにして穴に入れる（④)。

木の穴に差し込むことを十分に考えての設計なのです（図7―11）。さらに、使い分けできるように長さや太さを変えたものを数種類つくっていることが観察されています。

そのうえ、小枝を加工して、道具としては高度とされるフックもつくることがわかっています（図7―12）。フックを道具として使う動物は人間だけとされていたのですが、カレドニアガラスが二番手として登場したのです。このような道具づくりは、親から子へと引き継がれています。子ガラスは親の道具づくりを観察しますが、親がつくった道具で虫取りを練習するとともに、その場での適応性も経験している

図７－12. カレドニアガラスの小枝を利用した道具づくり
小枝を拾い（①）、使いやすい大きさにした後に先端をフック状に削り（②）、狭い場所にいる獲物を釣り上げる（③）。

ようです。いわゆる、見て覚えて工夫する模倣学習もできるのです。
さて、そんな利口なカレドニアガラスに研究者は大きな期待をし、彼らの知的行動を引き出す実験をしています。

実験の詳細

イソップ寓話のとある一節をご存じでしょうか。のどが渇いたカラスが底に少しの水が入った水差しに出くわすのですが、水面が低くて嘴が届きません。そこでカラスは一計を案じ、水差しに石を落として、嘴が届く位置まで水面を上げて水を飲むことができた、という話です。これから紹介する実験はそれにあやかった手法で、イソップ寓話テストと呼ばれます。

さて、どんな実験なのでしょうか。まずカラスの前に二つの透明な筒を置きます。一つには水が入っていて、水面には小船に乗せた肉片が浮いています。水面が低く、残念なことにカラスが嘴を差し込んでもわずかに（数センチメートル）届きません。もう一方も同じですが、中身は水ではなく砂です。高さは水と同じです。そして周辺には、集めてきた小石を撒いておきます。なお、カレドニアガラスは小石を道具として使いませんので、あらかじめ筒の中に小石を落とすことを教えておきます。結果、実験に用いたカラス五羽とも水の入った筒に石を落とし、肉片を得ることを学び取ったのです。

そして実験は進化します。今度は水の入った筒一本がカラスの前に置かれます。周辺の小石はすべて片付けられ、その代わりに形、大きさ、色が同じ長方形の物体を置きます。ただし、素材は違って、重いゴム製（沈んで水面を持ち上げる）と軽いプラスチック製（水に浮く）が混ざっています。すると、五羽のカラスはどちらの物体を筒に入れればよいか、簡単に学び取りました。同じ試験をした人間の七歳の子供たちより成績がよかったとも報告されています。

さらに実験をより複雑化し、カレドニアガラスの知的能力が試されることになります。仕掛けも大がかりになります。カラスが自由に飛び回れる広い檻が用意され、以下の課題が用意されました（図7―13）。

①檻には止り木が張られ、それに割りばしのような細い棒が紐で吊るされている（④の棒より は短い）。

②檻の床の一角に格子のついた木製ボックスを設置。

③木製ボックスの格子の間隔は狭く、カラスの頭や嘴は入らない。

④木製ボックスの中には長い棒が置かれている。しかし、カラスの頭や嘴は格子を通過できないので、その長い棒が必要だとしても、嘴で直接取り出すことは不可能。

⑤木製ボックスの近くに、透明なアクリル板二枚で組み立てた隙間のあるケースを設置。

⑥その透明なアクリル板ケースの隙間に肉片を置く。その二枚のアクリル板の隙間は狭く、カラスの嘴は餌まで届かない。

カレドニアガラスとしては好物の肉片に早くたどり着きたいわけですが、それにはいくつものステップを踏まなければなりません。このような条件のもと、カレドニアガラスが肉片を取り出すことができるのかを確かめる実験がスタートです。カレドニアガラスとはいえ、この実験は複雑すぎるかもしれません。しかし、結論から述べると、なんとやってのけたのです。成功への道筋がわかりやすいように、まずはゴールから解説します。

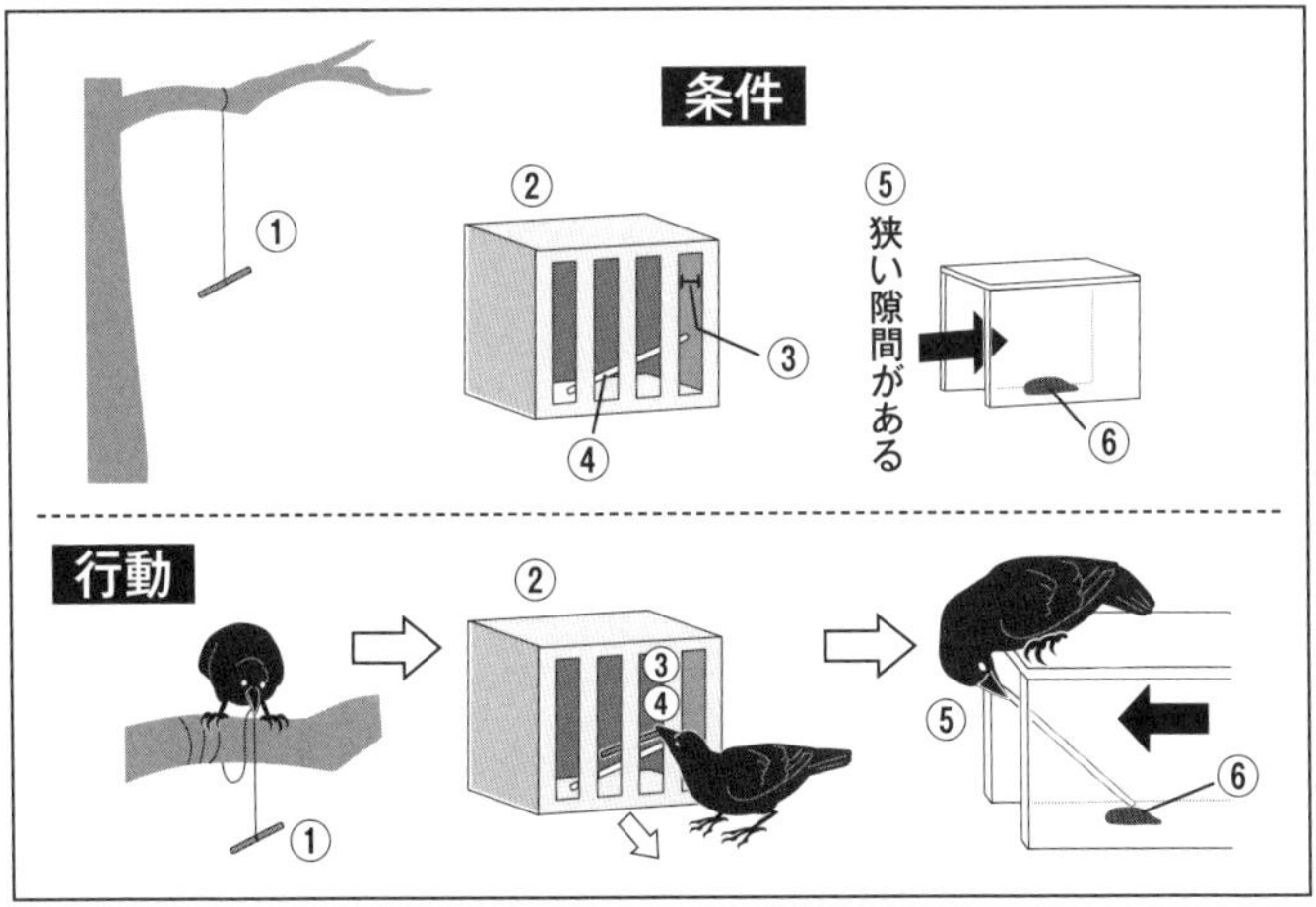

図7－13. カレドニアガラスが挑んだ難問
①紐で吊るされた細い棒、②格子のついた木製ボックスと③前面の隙間、④木製ボックスの中の長い棒、⑤狭い隙間がある透明アクリルケース、⑥肉片。カレドニアガラスはまず、①の細い棒を取り、それで④の長い棒をかき出し、長い棒を⑤の隙間に差し込んで、⑥の肉片を引き出すことができた。

アクリル板ケースの隙間（⑤）から肉片（⑥）を引き出す道具として、カレドニアガラスは木製ボックス（②）内の長い棒（④）を使いました。ところで、長い棒の入っている木製ボックスの隙間（③）は狭く、嘴が中に置かれた長い棒には届かないようになっているわけです。では、その長い棒をどうやって木製ボックスから取り出したのでしょうか。第一段階として、紐で吊るしてあった棒（①）を嘴でくわえて紐から外しました。次にその棒を木製ボックス（②）まで運びました。そして、嘴でくわえた棒を木製ボックスの格子の間（③）に差し込み、その中の長い棒④をかき出したのです（図7―13）。なお、①の棒は少し短くなっていて、アクリル板ケースの隙間（⑤）に入れても肉片（⑥）に届かないように仕組まれていました。

最初はアクリル板を嘴で直接突いたかもしれません。しかし、カレドニアガラスは試行錯誤の末、二カ所に用意された条件の違う棒を段階的に使い、ゴールにたどり着いたわけです。⑥を解決するには④を克服する必要があると考え、④を克服するには①が使えると洞察したのです。つまり、状況を十分に深く読み取り、問題を解決できる非常に論理的な思考ができたことになります。

優れた弁別能力によって経験から学習し、さらに優れた記憶をもち、それらをもとに道具を使うばかりでなく、状況に適応する道具をつくることができるのですから、創造力さえ感じます。

ハワイガラスの台頭

ところで、道具を使うカラスとして独壇場にいたカレドニアガラスですが、二〇一六年、ネイチャー誌にライバルが登場しました。ハワイガラスも、木の枝を使い、窪みや孔から餌を引き出すばかりでなく、その道具を使いやすく加工する能力をもっていることがわかったのです。

ただし第1章で述べましたが、道具を使う能力には嘴の形も重要です。その点で考えると、あくまで写真と映像からの考察ですが、ハワイガラスの嘴はカレドニアガラスと似ていて、角度が少なく真っ直ぐです。

また、嘴だけではなく、両者とも棲息する場所は太平洋の大海原に位置する離島です。環境的にも共通の進化をもたらす要因はあるのかと思います。ただ残念なことに、野生のハワイガラスはすでに絶滅しており、飼育下のものしかいないようです。今後のカラス学において、歴史的参考になる重要な生物が絶えないことを祈るばかりです。

〈注1〉　視床下部─下垂体─副腎軸（HPA軸）…視床下部の副腎皮質刺激ホルモン放出ホルモンが下垂体からの副腎皮質刺激ホルモンの分泌を促し、それが副腎に作用して、最終的には副腎皮質ホルモン（ストレスホルモン）が分泌される。この一連の流れをいう。

〈注2〉終脳…大脳のうち、間脳を除いた部位。つまり大脳皮質や大脳基底核と、それらに連絡する神経線維などを示す。

〈注3〉白質部と灰白質部…神経線維がまとまっている部位を白質部、神経細胞がまとまっている部位を灰白質部という。

〈注4〉シナプス…一個の神経細胞から他の神経細胞へ信号を伝える場所。そこでは化学伝達が行われる。

〈注5〉モノアミン…ドーパミン、ノルアドレナリン、セロトニン、ヒスタミンなどの神経伝達物質の総称。

〈注6〉ポジトロン断層法…陽電子検出を利用したコンピューター断層撮影技術。医学では主に癌の診断に利用されていて、英語（positron emission tomography）の略称からPETと呼ばれる。

第8章

カラスの生活史

1 命の時間

野生動物の生活を正確に把握するためには、膨大な時間とたいへんな労力が必要となります。人が足を踏み入れない過酷な環境、あるいは空や海といった私たちとは別世界で生きる生物もたくさんいます。例えば、海に生きるクジラを二十四時間ずっと追従観察することは不可能です。ですから、野生動物の生活のごく一部を切り取ったものとはいえ、それらが生きる姿を克明に撮影したテレビ番組などを見ると、撮影者や制作者の舞台裏の努力に思いを馳せざるをえません。なぜなら筆者は、身近なカラスの追跡ですら、二十四時間絶え間なく行おうとしても実現できていないからです。この章のタイトルを「カラスの生活史」としましたが、そんなわけでパーツのつなぎ合わせであることをご容赦いただきつつ、カラスの一日の始まりと日々の蓄積の一年を不連続ながらも見つめてみます。

ところで、生物の体内での生理的な営みには一定のリズムがあり、生き物はそのリズムによって制御されていることをご存じでしょうか。生物がそなえるそのリズムを「生物時計」といい、同じ機能でも動物によって少し異なります。

例えば、季節繁殖動物であるカラスの排卵は一年のうち一時期ですが、人間は一カ月に一回のリズムです。もっとわかりやすいのは心臓の拍動です。人は一分間におおよそ六十回拍動しますが、カラスは二百回前後と約三倍の速さです。心拍数が早いとその分、短命とされています。そんなわけで、生活史というよりは、まずは生まれてから死ぬまでの時間を考えてから、少しずつその間を埋めていくことにします。

カラスは何歳まで生きるのでしょうか。文献をいくつか調べてみたのですが、ある本では五〜六歳と書かれていますし、別の本では二十歳とあります。さらにワタリガラスでは三十歳まで生きた例があるようです。どれを信じてよいのかわからないくらいに開きがあります。どの記載もこれといった科学的根拠はなく、経験的あるいは都市伝説的な様子もあります。不死鳥のごとく思っている人もいるようです。

図8―1．電線に止まるハシボソガラスの群れ

カラスは長生きだと漠然と考える人が多いのは、毎日のように見かける身近な存在にもかかわらず、その死体を目撃することが非常に少ないことも理由のようです。私は宇都宮市の郊外に住んでいますが、近くの電線に数百羽のハシボソガラスの群れが止まっているのを目にします（**図8―1**）。宇都宮大学の周辺にはハシブトガラスもいます。これだけたくさんいるなら、屍の一つや二つに日常的に出会ってもたしかに不思議はないのです。

しかし、実は不思議でも何でもなく、私には死骸が見えています。とはいっても、特別な透視眼をもっているわけではありません。普段人が通らないあぜ道、日当たりのよくない側溝、道路端の草むら、林などに足を踏み入れると、それなりの頻度でカラスの死骸に出会います（図8―2）。フィールドに出ることが多かった年で、年間六体くらいは見たでしょうか。多くの方はそんな場所にわざわざ足を踏み入れませんし、カラスの死骸を意識することはないので、目にすることがほとんどないものと考えます。

人間の世界で考えると、二〇二〇年時点で日本の人口は約一億二千五百九十万人です。そして一日の死者数は約三千二百七十人ですから、おおよそ一日あたり三・八万人に一人が死亡していることになります。これを自然界の広い空間でイメージすると、現実的には人間の死体に出会うことはまれです。ましてやカラスは人間の数より圧倒的に少ないのです。カラスの個体数についての全国的な推計はありませんので、数が把握されている東京都を例に挙げてみます。東京都においてカラス密度が非常に高かった二〇〇〇年ごろで三万六千～三万八千羽が棲んでいるといわれていました。一方、東京都民は千四百万人ですので、単純に人間とカラスの数を比較すると、カラスは一人あたり〇・〇〇二羽となります。実は出会うのがかなり難しいわけです。ましてや、これから解説しますが、カラスは意外と長生きですから、死体に出会う確率はたいへん低くなります。

一方、その年に生まれたカラスの半数近くは、厳しい冬を越せずに死亡するという調査もあります。それならある程度、死骸が人間の目に触れてもよいのではないかと思いますが、カラスは私たちにその死に様を見せず、人が普段は足を踏み入れない場所で死んでいくことが多いのです。多くの動物は、体が衰弱すると、敵から身を守るためか、周囲から閉ざされたひっそりとした場所に隠れて死を迎えます。カラスも同様のようです。

図8—2. カラスの死骸

死骸に出会わない理由として、他にも考えられることがあります。死んだカラスの死骸を仲間が食べてしまうことがあるのです。一般に鳥類は、死んだ仲間を食べる、あるいは共食いをすることはないとされています。しかし、カラスは共食いをします。筆者は実際、以下のような現場に遭遇しています。それは数羽のカラスを同じ檻で飼育していたときのことでした。カラス同士のケンカによって一羽が死んでしまいました。そうしたら、勝ち残ったカラスと周りにいたカラスが残酷にも死んだカラスを残さず食べてしまったのです。死肉をも食すカラスの本能から出た行動です。

カラスの寿命は？

それでは、肝心の寿命はどれほどの長さなのでしょうか。カラスの寿命を証明する科学的なアプローチには、3通りの方法があります。1つが性成熟に至る年齢、次に体重、そして心拍数からの算出です。

まず性成熟ですが、生物の最長寿命は性成熟に達する年限の五～六倍という考え方があります。これは哺乳類の観察経験などから一般的に受け入れられている考え方です。例えば人間の女性の場合、生理が安定してくるのが十四～十五歳だとしますと、寿命は大きく見積もって九十歳というわけです。次に体重からの算出ですが、体重と寿命の関係は対数で示すことができます。その対数同士の関係は正の一次関数になります。その式に当てはめると、体重七十キログラムの人で約百歳という寿命が出てきます。

哺乳類での考え方ではありますが、これらをカラスに当てはめてみます。まずカラスは一年目の繁殖期では成鳥にはなっておらず、三年目の繁殖期で性成熟を迎えます。その年齢はおよそ満二歳です。それを五～六倍するとカラスの寿命は十～十二歳と試算されます。一方、体重から算出しても、十歳くらいの寿命になります。

そして、心拍数から算出する方法ですが、動物の一生の心拍数はおよそ十五〜二十億回と決まっているようです。計算しやすいように二十億回とすると、二十億回を一年間の心拍数で割った数が寿命（年）という計算式となります。カラスの心拍数についてはまだはっきりわかっていませんが、カモやハトなど一般的に鳥類の心拍数は一分あたり百五十〜二百五十回です。仮にカラスの心拍数を一分あたり二百回とすると、二十億回を一年間の心拍数（二百回×六十分×二十四時間×三百六十五日）で割った数、すなわち約十九年が寿命ということになります。この結果は概算ではあるものの、性成熟から求めた寿命、体重から求めた寿命と比較的近似した値です。筆者の前著『カラス学のすすめ』では生涯心拍を十五億回として試算していましたが、最近では二十億回とする考え方が一般的になってきているようですので、本書ではそちらを採用しています。

実際にはどちらの方法を用いるにしても、計算どおりにはいきません。日本人の平均寿命（二〇二〇年時点）は、男性が八十一歳、女性が八十七歳ですが、百歳以上生きることもあれば、不慮の事故や病気により短命な人も多くいます。ましてや野生のカラスの寿命など、戸籍謄本もないので正確に把握する術がありません。また、巣立ちが成功する率が五十七パーセントほどで、さらに巣立ちをしたとしても冬を越せるのが五十パーセントという状況から考えると、およそ四分の一が〇歳で死亡している計算になります。つまり、平均寿命は計算上の寿命よりもかなり短いのではないかと考えています。一方、筆者の経験なのですが、十二歳まで飼育したハシブトガラスがいました。飼育困難とのことで飼育を依頼されたカラスでしたが、大往生だったのかなと思っています。

いずれにせよ、カラスの一日も人間の一日も同じ二十四時間であり、どちらが忙しいという比較はできません。ただ、カラスは基本的には昼行性の生物です。四季をとおして、日の出の三十六分ぐらい前に鳴き始めることも知られています。日の出の少し前から動きが始まり、日の入りとともにねぐらに入ります。生涯の設計はともかく、日常は採食、水浴び、羽毛の手入れ、仲間と飛び回る、休憩、眠るという生活の繰り返しになります。その平凡な時間の中に、遊びを取り入れたり、クルミ割りを試したりするカラスもいます。筆者は、人間と同じようにカラス個々にもそれぞれの時間の費やし方があると思って観察しています。さらには、季節の移ろいによって、日長、温度、昆虫の活動なども変わってきます。地域ごとに自然の厳しさも異なります。

これから説明するカラスの生活については、筆者が観察したものだけでなく、一般的に知られているカラスの実像も交えながら記述していきます。

2 日の長さが短いころの一日の時間

秋から冬至にかけて、日はどんどん短くなります。日の出の少し前に活動を開始し、日の入りとともにねぐらに帰る、規則正しい生活習慣をもつカラスにとって、日が短くなる季節は一年で最も忙しくなる時期のように感じます。とはいえ、人間が思うほどカラスの行動は圧縮されるようには見えません。時間が短いからといって、日の出前から行動するとか日没後も行動するなどはありません。太陽が出ている間で上手にやりくりしているようです。

図8—3．樹木をねぐらにするカラスたち

冬至に向かうこの時期は、夏から初秋まで分散していた家族、すでに親離れしている二～三年目の若ガラス、そして一年目の若ガラスとその両親、これら様々な年齢とグループが集まり大勢の冬ねぐらを形成します。その土地の状況によって異なりますが、このねぐらは大きな公園の樹木が密集している場所もあれば、市街地の電線、街路樹、大きな工場の屋上や周辺の樹木など様々です（図8—3）。

何を条件に集まっているのかはわかっていません。最近は、地方都市の駅前の電線や街路樹に数百～数千羽のカラスが集まり、ねぐらを形成して、その下に面する歩道が糞で汚れ、衛生面でも景観的にも問題になっています。さらに、大勢のカラスの鳴き声による騒音など問題が絶えません。

厳しい季節の餌探し

さて、東の空が明るくなってくると、ねぐらから時差出勤で小集団ごとに餌を求めて飛び立ちます。大集団のねぐらでも、すべてのカラスが舞い上がり一斉に同じ方向に飛び立つことはないように思います。十数羽ごとに思い思いの方角を目指しているように見えます。おそらく、同じ方向を目指しても、すべての胃袋を満たすような餌場がないのでしょう。さて、そのカラスの生活をもう少し詳細に見てみましょう。

季節的には厳しい時期を迎えつつあります。私が住む関東では雪はほとんど降らないのですが、冷え込みは十分にあります。ましてや、北海道をはじめ東北や北陸などでは雪が積もる時期です。さてそんな環境の中、カラスはどんな生活をするのでしょう。私の住んでいる地域の様子を中心に見ていきます。この時期は、関東でも昆虫のような高品質の餌は不足しがちです。

図8—4．田んぼの土を掘り起こすハシボソガラス

ハシボソガラスは、郊外の田んぼの落穂を拾い、土が凍っていなければ少し土を掘り起こして昆虫の幼虫や土壌生物を探しています（図8—4）。探すときはノコノコとよく歩きます。歩きながら餌を探すのがハシボソガラスの特徴です。ときどき、何か見つけたように摘まんでいますので、何かしら餌があるのでしょう。ひこばえ[注1]が育っているところはその痩せた実も餌になります。また、一部は河川敷に向かいます。水が引いて乾いた藻の間を嘴でつまみ上げ、まさぐっています。やはり、昆虫か何かを見つけてついばんでいます。そんな餌探しで食欲が満たされるのかどうかわからないのですが、餌探しをやめて電柱や周辺の木々の枝で休むカラス、水浴びをするカラスなど、食事の間の時間の使い方はまちまちのようです。

一方、ハシブトガラスは田んぼや畑ではあまり見かけません。都市部ではねぐらからごみ集積所に向かいます。やはり生活生ごみに魅力を感じているようです。また、近くに畜舎など畜産関係施設があれば、そこに向かうものも多くいます。畜舎といってもウシや家畜がいる場所よりも堆肥集積所に集まる虫や未消化成分を餌にします。河川敷でもハシブトガラスはよく目撃できます。岸辺の浅いところで何かついばんでいますから、水生昆虫を食べているものと思います。

このような採食行動の間に、遠くのカラスと「カアカア」と鳴き声を交したかと思うと、どちらからともなく飛んで、相手の方に向かっていきます。そして、二羽ないしは三羽でどこかへ飛んでいきますが、その先でまた同じことを繰り返します。飛び立った先でまた違うカラスが飛んできては、同じことをします。環境によりますが、水浴びや砂浴びだけでなく、用がなさそうなものを持ち去るイタズラをしたりもします。このような行動からやはり、ハシボソガラスと同様に各自で時間の使い方は異なるようです。

寒くても水浴びはやめない

ところで、ハシボソガラスもハシブトガラスも採食の合間に水浴びすることを述べましたが、カラスは日常的に水浴びが好きです。それは年中変わりません。十一～一月にかけての寒い時期、宇都宮市郊外を流れる鬼怒川周辺のカラスの生態を調査したときにも、何度もこの水浴びを目撃しました。流れの穏やかな浅瀬では、大衆浴場のごとく十羽ほどのカラスがバシャバシャ

図8—5．寒い時期に水浴びをするカラス

と羽で水を飛ばしていました（図8—5）。どうやらこれは、身体についたダニなどの虫を払い落とすための行動だと考えられています。

カラスには短角ハジラミという虫がついています。カラスの死体の羽や羽毛の間から、米食い虫（コクゾウムシ）くらいの大きさの虫がゾロゾロ出てきます。カラスの解剖をしていると、知らぬうちに解剖着の袖についていることもあります。実験中にハジラミが肌着にまで入り込んできて、ぞっとした経験がよみがえります。そのとき、筆者はカラスではないのでサウナに行きました（もちろんシャワーをしっかり浴びてからです）。つまり、カラスは衛生上の面から寄生虫を取り除くために、水浴びや砂浴びをしているのです。カラスが雪遊びをしている写真も何かの本で見た覚えがありますが、おそらく同じ目的と考えられます。

3 徐々に日が長くなるころの時間

年が明け一月後半から二月になると、春の日差しを感じるようになります。そしてそのころは、カラスにも春の変化が出はじめてきたと感じる時期です。二月の中ごろには二羽で行動しているカラスを見かけるようになります。少し注意して、つがいらしき二羽の行動を見てみます。数羽や単独行動などいろんなカラスに出会いますが、連れ合うカラスに出会う頻度はその日のカラスとの出会いの六十パーセントくらいでしょうか。

つがいの形成と巣づくりの始まり

カラスに限らないのですが、春に産卵を迎える鳥の体内では、日が長くなるとその情報が視床下部に伝わり、性腺刺激ホルモン[注2]の分泌を促し、一連の繁殖行動のスイッチが入ることが知られています。性成熟に達しているカラスたちには、これまでの採食行動や遊びの時間に次のような行動が加わってきます。そう、つがいの形成です。

この時期になると、二羽のカラスが追いかけっこをしているかのように猛スピードで飛んでいったかと思えば、キリモミ降下[注3]を行うこともあります。また、ゆっくり舞いながら一羽が電柱に止まると、少し遅れてもう一羽がやってきます。二羽で飛び回っているのは一方的な求愛で、穏やかに電柱で隣り合わせに止まっているのは長く生活をともにしてきているカップルかなと、想いを広げながら観察するころです。

一方、カップルができはじめるとなわばり形成も進み、ねぐらの群れから離れていきますから、ねぐらの規模は小さくなっていきます。ただ、性成熟に至っていない若ガラスなどはねぐらに留まり続けるものと考えています。このような現象は、すべてのカラスに同時に起こるものではありません。生き物ですから、体内環境などの生理的な状況は個体によって異なります。カップル成立まで時間のかかるペア、かからないペアなど相性によってまちまちだと考えられます。こうした繁殖に向けた動きが加わりますが、採食、水遊びのような日常は大きくは変わりません。

春分を境に日照時間が延び、いわゆる長日条件になります。そのころには嘴に木の枝や枯れ草などをくわえて巣に運ぶ仕事に費やす時間が長くなります。また、動物の体毛をくわえているカラスもまれにいます。いよいよオスとメスの共同作業、巣づくりの始まりです。

4 巣づくりの時間

ここではカラスの一日というより、成熟したカラスがつくる巣の様子を紹介します。

巣の構造

巣は、内側から産座部、基盤部、外壁部、外郭部というように分けられます。産座部と基盤部が産座（卵を産む場所）です（図8—6）。各部位にはそれぞれ役目があり、異なる素材でできています。ですから、いろんなものをくわえて飛んでいるカラスを見かけるのです。巣の形状として、洗面器のように縁が円で中央がへこんでいる状態をイメージするかもしれませんが、実際には多くが楕円状です。

筆者らが調べた一例では、長径が八十三、短径が六十二センチメートルで、長径と短径では二十センチメートルほどの差がありました。十数個の巣を調べると、長径が六十〜八十五センチメートル、短径はやはり長径より十〜二十センチメートルほど短くなっていました。そして、産座部の多くは長径が二十六〜三十センチメートルの正円に近い楕円でした。巣の構造は、後藤三千代氏の『カラスと人の巣づくり協定』に詳しく記述がありますので、それに準じて筆者の観察所見を述べていきます。

巣の外側から順に見ていくと、外郭部は巣の内部を守る枠組みになります。外郭部の素材は木の枝、針金、ハンガーなどです。それらを営巣する木の枝に絡ませる、挟み込むなど工夫をして外郭部をつくります。枝と枝を上手に絡ませて編むようなニュアンスです。その内側の外壁部は外郭部より緻密に枝が組み込まれ、中心の産座を囲みます。嘴で巣材をつまんで引いたり、ツンツンと巣材の端を中に押し込んだりと、カラスは巣づくりの際に必死に外壁部をつくる作業をしています。

産座には動物の毛、ススキの穂先、藁がほぐれたもの、布切れ、綿など軟らかい繊維性の素材が敷き詰められています（図8—7）。この産座は巣全体で見れば、中央部が浅くお椀のようなへこみがある部分にあたります。このへこみは七〜九センチメートルです。幅も深さもメスが抱卵の際、体を埋めるのに適した大きさなのでしょう。さらに、産座部の柔らかい素材の下には、基盤部といって、細かい素材が密に積まれた部分があるといわれています。ただ、私たちはいくつか巣を観察しましたが、営巣環境によって外壁のつくりと基盤部のつくりが明確なものと不明確なものがありました。後で紹介する駅の連絡通路脇の作業用通路に営巣した例は、まさに産座部と外郭部のみのつくりでした。つまり、場所と集められる巣材にあわせて、

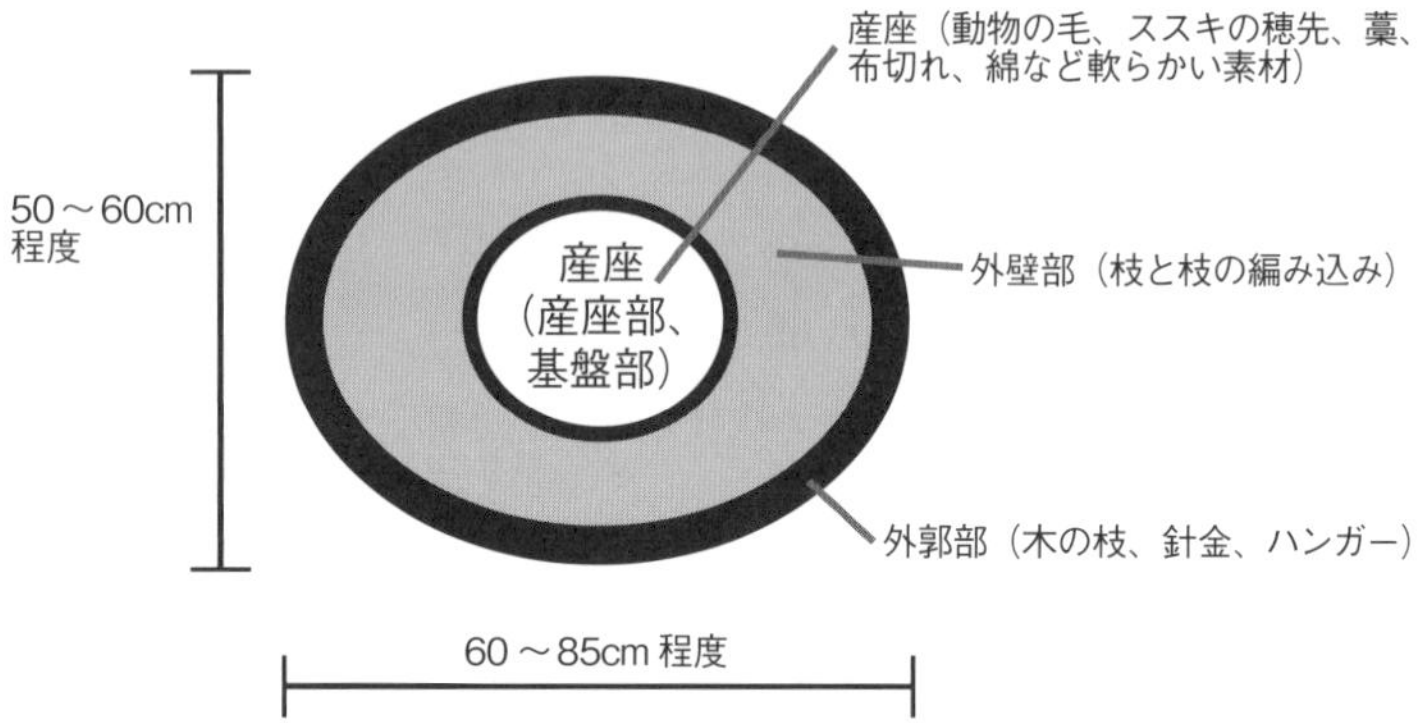

図8—6．カラスの巣（真上から見た概略図）

図8—7．カラスの巣の内側

外壁部、外郭部に守られた産座には動物の毛、ススキの穂先、藁がほぐれたもの、布切れ、綿など軟らかい繊維性の素材が敷き詰められている。

巣をつくる適応性もあります。まれですが、外郭部がほとんどハンガーでできている巣もあります（図8―8）。

このような営巣の作業には、一～二週間かかると考えられています。いずれにしても、成熟ガラスにとって巣づくりは、この時期の大きな仕事となります。

図8―8．外郭部がほとんどハンガーでできた巣

営巣場所

営巣場所は、ハシボソガラスとハシブトガラスで異なります。

私たちが宇都宮市やその郊外で調査したところ、ハシボソガラスはニセアカシアやクワなどの落葉樹に葉が茂っていない状態、つまり丸見えであっても巣をつくります。河川敷を含む住宅地に近い営巣場所では、七割がニセアカシアでした。また、電柱の腕金、変圧器の周辺など複雑な凹凸と空間のある場所に巣をつくるのもハシボソガラスの特徴です（図8―9）。慣れた観察者なら、かなり遠くからでも巣が確認できるようなオープンな環境に営巣します。ただし、地域の環境によっては、常緑樹への営巣も比較的多く見られます。

反面、ハシブトガラスは、ヒマラヤスギ、屋敷林のスギの木などの常緑樹、あるいはビルの立て看板の組み立て素材の中といったような、外から見えづらい構造物に囲まれた、隠蔽性のある場所に営巣することがほとんどです。

宇都宮大学の構内では、ヒマラヤスギにはハシブトガラス、グラウンドの夜間照明塔の腕金にハシボソガラスが巣をつくっています。巣の高さは三～十五メートルと、営巣環境によるのかかなり差がありますが、調べた二十一個（ハシボソガラス十八個、ハシブトガラス三個）の巣での高さの平均は十一メートルでした。ただ、巣の高さはどれも樹高の七割程度の位置でしたので、おそらくどの場所のどの木を選んでも、木のサイズに見合った位置に巣づくりをする物差しがあるの

図8―9．ハシボソガラスの営巣場所
電柱の腕金など複雑な凹凸と空間のある場所にも巣をつくる。

かと思います。また、樹木の幹のどちらの方位に営巣するかを調べたところ、北東、南東に向いている巣が多いことがわかりました。逆に、西側と北側につくられた巣がなかったのです。こうして考えると、日差しまで計算された巣づくりに感心します。

この二種のカラスの営巣場所の違いはいったい何に起因するのかわかっていませんが、ハシボソガラスはユーラシア大陸の北側の草原や平地といった視野の開けた場所に棲息する鳥です。一方、ハシブトガラスは別名ジャングルクロウと呼ばれるように、東南アジアを中心にユーラシア大陸の南側の樹木が豊富な環境に棲む動物です。日本がちょうどその境界域にあたり、両種が棲んでいると考えられています。

その点から考えると、ハシボソガラスは巣を隠すことよりも遠くから巣を見守れる条件を選択しているように思えます。また、日が長くなり繁殖のスイッチが入っても周辺の木々がまだ葉をつけない地域では、安全な高いところに巣をつくるためには選択の余地が少なく、オープンな場所でも営巣する習性になったのかとも思います。そして巣の周辺に他のカラスや天敵が近づけば、すぐに巣に戻るなり威嚇行動ができる態勢にあるのです。一方、ハシブトガラスは隠すことで、巣やヒナを守る巣づくりを選んでいるようです。これまでに何度か巣の観察を試みたのですが、ハシボソガラスの巣はオープンですから撮影も比較的容易な一方で、ハシブトガラスでは大きな木の下から仰ぎ見て巣の存在を確かめるのがせいぜいでした。

ところで、カラスの電柱や鉄塔への営巣が、私たちの生活に必要不可欠である電力供給に障害を起こすことがあります。全国の電力会社が頭を抱えている問題です。筆者の研究室にも、カラスに巣をつくらせない方策がないものかと電力会社から相談がいくつも寄せられます。実際その共同研究も行っているのですが、そう簡単には解決策は見出せない状況です。これに関連して、電柱に営巣するのはどの種のカラスかという情報が重要になります。カラスの性質を見抜いた方策が必要だからです。このことについて『カラスと人の巣づくり協定』によれば、東北のある地域で調べたところ、電柱の巣のうち七割あまりがハシボソガラスであったと記載されています。営巣状況を調べた他の報告でも、電柱への営巣はハシボソガラスのみとされていますし、筆者らの少ない観察でも同様の見解です。

繁殖に伴う体内の劇的な変化

さて、この時期は体内で劇的な変化が起きます。日の長さを感じ取った脳は、視床下部に性腺刺激ホルモン放出ホルモンの活動を促します。それを受けて下垂体からの性腺刺激ホルモンが精巣と卵巣に働きかけます。そして精巣と卵巣では、生命の引き継ぎの担い手となる生殖細胞が目覚めます。不幸にも有害鳥獣駆除の対象として狩猟捕獲されたカラスを経時的に解剖すると、非繁殖期の精巣は米粒大なのに対して、四月には長径一・五センチメートルくらいと極端に大きくなっているのがわかりました（図8―10）。

各月ごとに十数羽のハシブトガラスで調べた平均ですが、重さは二月は〇・一、三月が〇・四グラムのものが、四月に一・七グラムとなり、十七倍もの差があります。そして六月には一気に元に戻ります。重量の増加と相まって、精巣の生殖細胞では精子形成に向けて精細管が充実します。精細管は非活動時の二・五倍の太さになります。

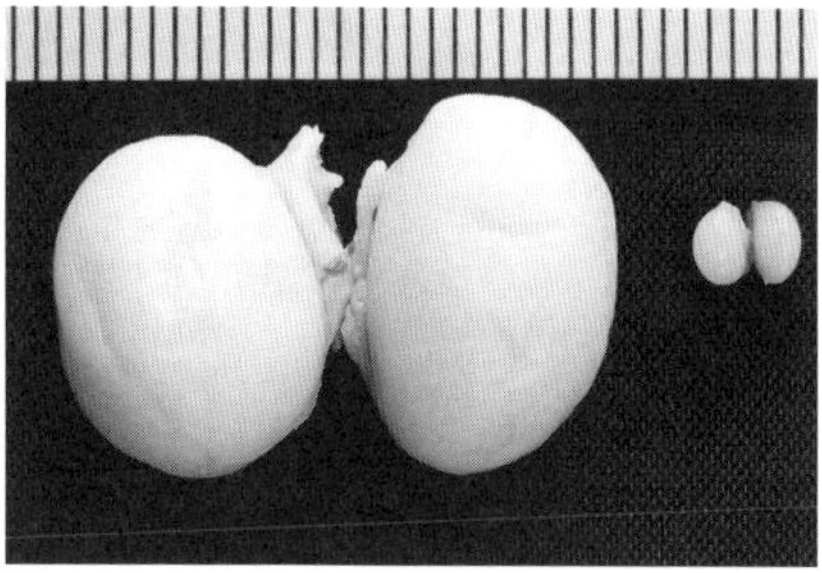
図8―10．繁殖期（左）と非繁殖期（右）の精巣

精巣の内部では一月くらいから精祖細胞の数が増加しはじめ、三〜五月でその数は山をつくります。それらが精母細胞、精娘細胞、精子細胞を経て、四〜五月には精管の中心部で精子が確認できます。

もちろん、卵巣も同様に時期をあわせて一過性の発達をします。二〜三月の卵巣は〇・〇一〜〇・〇七グラムであるものが、四〜五月には〇・五〜一・四グラムになり、重さが一桁も二桁も違ってきます。成熟最盛期の卵巣を見ると、数個の発達した成熟卵胞が確認できます。巣づくりから育雛にかけての時期は、性ホルモンの直接的な性腺への働きかけとは別に、プロラクチンなど営巣行動や育雛を促すホルモンが体内で順序よく生産され、次世代をつなぐ生命活動が行われているのです。

なお動物の場合、このような繁殖に伴う生理機能は、日長により自然のスイッチが入ってしまえば、一連のホルモンの流れや作用に体が支配されると思っている読者もいるかもしれません。たしかに一見そう思えます。しかし、筆者はカラスの研究を通じて、動物はそんな単純な結果を生まないことを思い知らされました。

実は、筆者は以前、このような劇的な増殖と減少が起こる生殖細胞のメカニズムを細胞生理学的研究の素材として、ガンなどの研究のヒントにできるのではと考えていました。急激な細胞増殖や自然死はガン細胞の増殖と死滅のメカニズムに通じるかもしれないからです。そこで、前述の自然界で捕獲されたカラスの生殖腺の季節による変化の調査とは別に、飼育下のカラスを経時的に手術開腹し、生殖腺の発達を調べたのです。その研究では三シーズン追いかけたのですが、使用した五~六羽の生殖腺には際立った変化がありませんでした。また、神経解剖など別の目的で飼育しているカラスの解剖を行う際にも注視していたのですが、繁殖期になっても性腺の変化は見られませんでした。思えば、営巣行動もありません。

いくつか原因を検討したのですが、たどり着いたのは、三メートル四方のサイズの檻であっても、カラスにとってはストレスになっているのではという考えでした。第7章でもふれましたが、ストレスを受けるとまず、脳で感じた情動の不安が、視床下部の性腺刺激ホルモン放出ホルモンの分泌を抑制します。結果的には性腺刺激ホルモンの分泌も抑制され、一連の繁殖に必要な連鎖が作動しなくなります。このようなメカニズムで、飼育下のカラスには生殖腺に季節的変化がなかったと考えています。

ロンドン塔の守りガラスとして知られるワタリガラスにも、同様の現象が見られていたようです。バーンド・ハインリッチ著『ワタリガラスの謎』を読むと、ロンドンのワタリガラスについての問い合わせに対して、ロンドン塔の関係者は次のように返答したそうです。

「ワタリガラスは、ロンドン塔では容易に繁殖しません。つがいをつくって卵を産んだこともあるのですが、卵はいつも数日後には壊されます。観光客に気を散らされることが多く、ほとんどプライバシーがないせいかもしれません。周囲が工事中のことも多く、落ち着かないせいもあるでしょう」

このように、ストレスを受ける環境で繁殖を放棄するのは、ワタリガラスでもハシブトガラスでも同じです。整わない環境では子供もつくらないカラスの繊細さを学ぶとともに、研究には必要最低限の数のカラスを使わなくてはと、気持ちを引き締める経験になりました。

5 新たな命を育む時間

三月の繁殖期から六月の巣立ちまでは、丈夫な子供を産み育てるために栄養が必要な時期です。卵が孵化したらヒナの餌を確保しなければなりません。それを思うと少し心配になりますが、しかしこの時期は自然の恵みが豊富です。春ですから多くの生き物が活動的になります。また、田植えや耕作など人間の営みもカラスに餌を提供することになります。

全国各地で見られる光景ですが、トラクターなど機械化された現代の農作業は一気に広域の農地を耕耘し、土壌の中に潜んでいるか眠っている小動物を掘り起こします。カラスは群れをなしてトラクターの後について歩き、掘り出された小動物をついばみます。ただ、このようなことをするのはハシボソガラスです。ハシブトガラスがトラクターの後について歩きながら採餌する光景は見られません。むしろ、ハシブトガラスは農業用水路のカエルやザリガニ、ミミズなども活発に動き出しますので、そちらの方が目に付くようです。また、野鳥のヒナや卵もハシブトガラスの餌になります。その他、野ネズミの死体なども食べます。営巣から子育てを含む繁殖活動が、カラスにとって恵みの季節である春に行われるのも大きな自然の摂理です。

抱卵・孵化・巣立ち

さて、営巣を行い卵を産んで抱卵に入ります。温めはじめてから孵化するまで約二十日かかります。カラスの場合、一繁殖期に二〜五個の卵を産みます。これまで観察した家族では、四羽のヒナが入っている巣が多く見られました。そして、産んだ順に卵を温めはじめます。これを順次抱卵といいます。一方、卵をすべて産み終わってから抱卵を始める一斉抱卵という方法をとる鳥もいます。さて、一斉抱卵と順次抱卵、それぞれどんな利点と欠点があるのでしょうか。

一斉抱卵とは、卵を全部産み終えるまで先に産んだ卵を温めはじめずに、全部そろってから一斉に温める方法です。例えばスズメの場合、一日一個の卵を産んで合計六個産むとしたら、六日目に初めて温めはじめるのです。この方法だと、餌さえ豊富であれば一度に子育てが済むので合理的です。しかし、特定の強い子がいて他に餌が行き渡らないこともあります。親は一度に大勢の子に餌を与えなければなりません。結果、餌を運ぶ回数が多くなり、とても忙しくなります。また、天敵や災害などでヒナが全滅してしまう危険性もあります。一斉抱卵をするのはスズメ、カモ、チドリなどです。

一方、順次抱卵は産んだ先から卵を温めはじめることです。先に産み落とされた卵と後からの卵とでは、当然孵化する時期が異なります。なぜ、カラスはこのような習性をもっているのか考えてみましょう。もし遅く孵化したヒナが死んでしまったら、先に孵化したヒナの餌が豊富になり、確実にたくましく生育します。厳しい自然界で餌が豊富でなくとも、早くに産み落とした一～二個の卵を確実に孵化させるという戦略をとっているのです。ですから、遅くに産み落とされた卵は孵化しないか、ヒナになっても育たない場合が多いのです。ちなみに、カラスの巣立ち率は五十七パーセントとの報告があります。たしかに、厳しい自然条件の中では高い生存率を保つのは難しいと思います。

四羽のヒナがすべて巣立ちに失敗し、死亡したハシボソガラスの家族に出会ったことがあります。この家族の子ガラスの例をもとに、巣立ちがいかに厳しいかを紹介します。

それは二〇一八年の春のことでした。ハシボソガラスの営巣場所は、ＪＲ東北線・宇都宮駅から数駅北に向かった某駅で、南北の出入り口をつなぐ連絡通路脇に設けられた作業用通路の平らな場所（歩行部分）でした。幸い、連絡通路の窓、あるいは通路に上がる階段から巣の中が観察できる状態でした。通路の中央に洗面器を置いたようなイメージです（図8―11）。巣の存在を知ったタイミングは、ヒナが孵化してから十日ほど経ったころ（孵化は四月の中ごろ）と体の大きさから推定できました。

巣の外郭部と産座部にあたる部分はよく確認できましたが、外壁部と外郭部の境は不明瞭でした。外郭部の一部（床に近い部位）は、鉄でできた格子に差し込まれているようにも見えま

図8―11．作業用通路の歩行部分につくられた巣

した。平坦な場所ですから、風に飛ばされないようアンカーを打っているのかと感心しました。このような営巣は珍しくなく、宇都宮大学の外壁に設置されている作業用足場にできた巣にも同様の工夫がなされていました。この巣の撤去を依頼されて、作業をしたのですが、簡単に撤去できると踏んで取りかかったものの、外郭部の床に近い部分や巣の底の素材が足場の鉄格子にしっかりと編み込まれていて、苦労した覚えがあります。

コラム〈4〉

子ガラスの眼は特別澄んでいる

ところでカラスの眼球は、人のように周囲が白く中心の瞳孔が黒いつくりではありません。瞳も強膜もすべてが黒です。全身も黒一色でおまけに眼も真っ黒なので、眼球部分が遠くから弁別しにくく、そのため「鳥」の文字から眼に相当する一画が取られ「烏」という文字になったのです。

その眼球の色ですが、子ガラスの眼は黒ではなく、薄い青白の光彩、そして透明感のある淡い黒の小さな瞳孔をもちます。この子ガラスのかわいい眼球も、巣立ちに向けて徐々に全体的に黒みがかっていくのです。

6 家族団らんの巣の時間

親ガラスの餌運び

さて、話は駅の巣に戻ります。巣には四羽のヒナがいました。最初のころは首を支える力もないようで、兄弟の体か産座部の縁のやや高い所に頭を寄りかけて、ぐったりと寝ている様子でした（図8—12）。一見そのように見えるのですが、おそらく餌を運んでくる親の羽音に神経を集中させているのでしょう。なぜなら、ヒナたちは、餌を運んで飛来してきた親ガラスが巣に止まる直前に、一斉に頭を持ち上げて大きく口を開き、餌をねだるからです（図8—13）。ヒナからは親ガラスの姿が見えるはずはありませんし、巣に止まる前ですから、着地の音がするはずもないのに、そのような動作を見せるのです。

親ガラスはといえば、餌を与えるヒナを選んでいるのか、順不同なのかわかりませんが、運んできた餌を複数のヒナに分けている様子はありません。どれかのヒナの大きく開かれた口に餌を入れたらそれで終わりです。餌をもらえなかったヒナは、親ガラスが飛び去るとがっくりしたように頭を垂れ、再び眠ったかのようになります。このころのヒナは、兄弟同士がもたれあうような様子で、多くの時間を眠って過ごしています。

一方、親ガラスはもちろん子育てに多くの時間を費やすのですが、孵化後は雌雄ともに巣を空けて餌運びをします。周辺を見回すと、オスかメスかはわかりませんが、巣が視界に入っていそうな離れた場所で、巣を見守っているかのようにじっとしています。親ガラスが餌を運ぶ頻度は、三十分ほど空くこともあれば、立て続けに2羽がやってくるときもありますが、平均すると十五～二十分に一回は餌を運んでいるようです。ヒナは、そのたびに反射的とも思われる動作で頭を瞬時に持ち上げ、内腔が真っ赤な口を大きく開くのです。

ヒナと巣を守る親ガラス

親ガラスは餌を運ぶばかりではなく、あるときは羽を休めて、巣の手入れやヒナの世話をします。巣に編み込んだ材料がほつれてきたのか、巣の素材を嘴で押し込む仕草も見られます。天気によってもヒナの世話は変わってきます。駅につくられたこの巣は、作業用通路の上にありますから、日よけも雨除けもありません。その日は五月といっても夏を思わせるような日差しでした。そんなとき、親ガラス（おそらくメス）は日差しを遮るように羽を大きく広げ、日陰をつくってじっとしていたのです（図8―14）。あるいは別の巣での事例ですが、雨の日

図8—12. うなだれるヒナたち

図8—13. 餌をねだるヒナたち

図8—14. ヒナのために日陰をつくる親ガラス

には親ガラスが姿勢を低くし、ヒナたちを翼の中に抱え込むようにしてじっとしている姿を観察することもあります（**図8—15**）。

また、第1章や第7章で紹介したように、親ガラス同士でねぎらうかのような様子も見られます。このようなやりとりを見ると、春の日差しがスイッチとなって体内の繁殖・母性行動という一連のホルモンの歯車が回り出し、それに操られているだけの営みには思えず、つい感情移入して考えてしまいます。『鳥たちの驚異的な感覚世界』の中で著者のティム・バークヘッドは「科学は、動物のこのような親子・つがいの行為を感情のせいにしなくとも説明可能だとしているが、動物は人間のような感情を覚えることがないと、自信をもって誰が言えるだろう」という趣旨の問いかけをしています。親ガラスの様子を見るにつれ、バークヘッドと同じように、科学の眼とは異なる、いわば感情移入の観察眼で楽しむのも許容範囲なのではないかと考えてしまいます。

図8—15. 雨の日に姿勢を低くしてじっとする親ガラス

巣を清潔に保つのも親ガラスの仕事です。カラスの巣の中は思いのほか清潔なのです。ヒナが糞まみれになっていませんし、巣の中にも糞は見当たりません。

その理由は二つあります。一つは、ヒナが脱糞しそうになると、親ガラスはヒナのお尻からまさに落ちそうな糞を巧みにくわえ取り（第1章、図1—6参照）、そのまま捨てに行きます。二つ目は、ヒナは脱糞する際、産座部の外側にお尻を突き出し、糞が巣の中に落ちないような勢いで排泄します。あるとき、捕獲された数羽のヒナで調べたのですが、糞の飛んだ距離はすべて約八十センチメートルもありました。十分に巣を越えることができます。ただし、巣を清潔に保つこのような習性は、カラス特有ではなく、鳥類一般に見られるようです。

孵化から二週を過ぎると、ヒナの体格はハトくらいまで大きくなり、巣から頭のみならず体もはみ出すようになります。嘴の付け根（哺乳類でいえば口角の部分）はピンクで、柔らかい部分が残っている、そんな週齢です。産座部の中に留まっているものの、四羽のカラスはときどき巣の中で押し合い圧し合いの動きをしはじめます。子ガラスはお互いを見たりして、兄弟の存在を認識しつつあるのかもしれません。

子ガラスたちは、よく見ると少しずつ大きさが違います。少なくとも、最も小さいカラスと最も大きいカラスの体格の違いはよくわかります。順次抱卵の結果が現れているのでしょう。また、二週も過ぎると、つややかではありませんが、羽枝の伸び切らない白い羽軸がよく見えます。羽をバタバタと動かし、ときおり背伸びをするように巣の中で立ち上がるヒナも現れます。四羽もいると巣が狭そうです。

親ガラスが餌を運んでくると、我先にと首を持ち上げます。羽がろくに生えていなかった時期に比べると、だいぶ体力もついてきたようです。餌をもらえなくても、力なく巣にへたり込むようなことはなくなり、羽を広げて伸びをしたり、羽繕いの真似ごとなどをしています。

7 危機の時間

三週を過ぎたころには体つきもすっかり大人のカラスです。翼を広げる仕草から、第一、第二風切羽[注4]などが立派に育っているのがわかります。この時期になると巣の中に留まってはいません。

駅にできたこの巣の場合、周辺が平らですから、四週目には四羽とも巣から出て、歩き回りながら羽を大きく広げ、私たちに例えれば肩を回すような仕草をします（**図8—16**）。また、伸びのような仕草もします。このように伸びをして大きく羽を広

図8—16. 羽を大きく広げるヒナ

図8—17. 通路の下を覗き見るヒナ

げると、羽枝の形成が未熟なためか、まだ羽軸の白さが日立ちます。動き回る範囲も少しずつ広がり、通路の縁で下を覗き見ることが多くなります（図8—17）。四羽のカラスの行動には成長に若干の時差があり、大きな子ガラスから先に巣の外の行動が活発になります。

このころから、筆者はまだ飛べない子ガラスが作業用通路から落ちてしまうのではと心配になっていましたが、それが的中する日がやってきます。なにせ、巣がある場所は南北には七～八メートルの長さがありますが、幅は七十センチメートルくらいしかありません。巣から一歩進めば端です。

観察しはじめてから三週あまり、孵化後推定十日目くらいから観察を開始したとして、カラスにとっては孵化後一カ月あまり経ったある日のことです。子ガラスの数が一羽足りないのです。最も育ちが早く、まだ飛べるようには見えないものの、よく動き回っていて、縁から下を覗いていたカラスがいないのです。

巣立ちという可能性もありますが、その場合は親がそばにいるはずです。あるいは小ガラスは巣立ち後も親から餌をもらいますので、ほとんど親と一緒に行動するのですが、そのような姿は見られません。翌々日、巣の下にある線路脇の草むらの中に死体を見つけました。その二日後、また一羽少なくなっています。そして、残る二羽も同じ運命をたどりました。三羽目の場合は、下の線路脇で見つけたときは衰弱した様子ながらもまだ生きていたのですが、その後動く気配はありませんでした。結局、四羽とも巣立ちができませんでした。やはり、自然界で生をつなぎ続けることはたいへんなことなのです。

こんなとき、親ガラスはどうするかが気になりますが、状況と親の経験によって違いがあるように思えます。まず今回の親ガラスですが、落下したヒナに気が付き、そばに寄るのですが、電車の危険を感じてか、その場で餌を与えて育てるような仕草はなく、上の電線から落ち着かない様子で覗き込み、鳴いていました（図8—18）。巣づくりの場所からも、経験の浅いペア

図8—18. 上から見守る親ガラス

のため状況に適応できなかったものと考えています。

親ガラスの懸命な子育て

実はこれまで、巣落ちしたヒナをもつ親ガラスが地上のヒナに餌をやり、育てようと努力する姿を幾度となく見かけてきました。ただその多くは、大学のキャンパスや大きな河川の中州であり、そもそも樹木、下草、犬・猫からの隔離など、ヒナを守る環境が整っていました。筆者が経験した河川の中州で起きた巣立ちの危機のケースを紹介して、駅の巣との違いを考えてみたいと思います。

舞台は、子育ての様子を観察するため

に通っていた一級河川の中州です。ニセアカシアの木にハシボソガラスが営巣していました。二百メートルくらい離れた堤防からも巣が確認できるような、ハシボソガラス特有のオープンな巣づくりです。その巣には四羽のヒナが育っていました。ヒナは巣に立ち上がって大きく羽を広げ、背伸びでもするかのような動きが活発になってきました。筆者はそんな様子を見て、巣立ちを楽しみにしていました。

ところが、五月の中旬に季節外れの大嵐がやってきて、一晩中風雨が続いた日がありました。カラスたちが心配でしたので、翌朝、現場に急いだのですが、不安が的中し、巣には一羽のヒナも見当たりません。やはり風雨で振り落とされてしまったのです。落胆してぼんやり周辺を見渡すと、親ガラスがいました。さらに時間をかけて周辺に注意を払っていると、親ガラスが低空飛行で中州の草むらに舞い降りたかと思えば、その場から餌をもらうときに発するヒナ独特の声がするのです。

「ヒナが生きている!」と思った瞬間です。さらに様子を見ていると、今度は親ガラスが別方向に飛んでいきましたが、そちらからもヒナの声がします。結局、四羽のヒナは中州の草むらに身を隠し、親ガラスが餌を運び育て続けたのです。一日おきに現場に足を運びましたが、巣落ちして一週間くらいするとヒナたちは地上から姿を現し、低木に留まって親から餌をもらうまでになったのです(**図8—19**)。そしてヒナたちは、自力で飛べるまでに成長し、親と行動

図8—19. 親から餌をもらうヒナ

をともにするようになりました。その間、中州まで呑み込むような大雨が降らないことが幸いでした。駅のヒナと違って、環境的な条件がよく、ヒナに生命力がある場合は、親ガラスはヒナを地上でも育ててあげます。

巣落ちしたヒナを見かけたら

ところで、カラスのヒナはよく巣落ちをします。育ちが早い生き物ですから、孵化後一カ月もするとハトの二倍くらいの大きさになります。四羽もいると長径が二十六～三十センチメートルの産座部には入りません。また動きも活発になりますから、巣から出て近くの枝でパタパタと羽を伸ばす動きもします。その拍子に巣から落ちてしまうことが多いのです。

私の研究室には「巣落ちしたヒナを見ました。少し飛ぶのですが、どうしたらよいですか?」といった相談がたくさんあります。カラスといえども狩猟期間外に捕獲する場合は、管轄する役所の許可が必要です。子ガラスが捕獲されるのは狩猟期間外にあたります。つまり、捕獲できないのが原則です。ですから相談には「つらいでしょうが、自然のままにしておいてください。生命力ある子は親が育てる場合もあります」と答えています。

いずれにしても、巣立ちの少し前は思わぬ危険がヒナたちの周辺に潜んでいるのです。

8 養育の時間

自然界で生き抜く力を育む

幾多の困難を乗り越え巣立ちを成し遂げた子ガラスは、命の担い手としての教育を受けます。とはいっても特別な英才教育はありません。日々の採餌に必要なもの、危険を回避する方法などを親ガラスと行動をともにしながら学習します。六~九月までは四~五羽で親子ともども行動している姿を見かけます。

巣立ちした子ガラスは、親ガラスと区別がつかないほどの大きさになります。ただしよく見ると、眼は黒くなっているものの嘴の口角部がやや赤みを帯びている、嘴を開くと口腔内がピンク色であることなど、カラスを観察あるいは研究している人にはその特徴がわかります。

巣立ちして間もないころ、フィールドでは親子で行動しているカラスをよく見かけます。ただし、その光景はハシボソ一家とハシブト一家とではやや様子が異なります。ハシボソガラスはあぜ道や河川敷の芝など、開けた地上でも給餌や採餌が見られるのですが、ハシブトガラスの給餌は木の上や屋根といった高いところが多いのです。これも平地型と森林型の生活習慣の違いです。

また、行動を見ていると、親ガラスから餌をねだるとき、子ガラスは羽を小刻みに羽ばたかせながら独特の鳴き声を発します。親離れしないで餌をねだる子ガラスを九月になっても見かけることもあります。ハシボソガラスなら、田んぼのあぜの中に数羽でつかず離れずの距離で餌を探し、目ざとく餌を見つけた親ガラスがそれをくわえて子ガラスに近づくと、子ガラスは嬉しそうに羽を持ち上げ「グワワワ」という鳴き声とともに餌を口移しでもらいます。人や犬・猫が近づくような場面では、まず親が早めに察知し、近くの電線あるいは民家の屋根に移動します。その親の行動を見て子ガラスも後を追うように飛び立ちます。こうして親子で行動することにより、子ガラスは餌の見つけ方や危険を察知する術を学んでいるようです。ちなみに完全に親から独立するまでに、巣立ち後、約三カ月を要するという報告もあります。

自然の生活とは少し異なりますが、子ガラスや若ガラスの危険回避について、経験の未熟さが顕著に現れる場面があります。筆者らはカラス研究のため、学術捕獲という許可を取って年中カラスを捕獲していた時期があります。また、何年間も有害鳥獣駆除の対象になったカラスを解剖してきました。その中で気づいたことがあります。

カラスが罠にかかるのが多い時期は七～十月なのですが、その年の幼鳥か一年目の若ガラスが圧倒的に多いのです。また、有害鳥獣駆除で撃ち落とされるカラスも、多くは幼鳥か若ガラスです。罠での捕獲や狩猟は人間の行為によるものですが、自然界には豪雨をはじめ、計り知れない危険があります。養育期間中に身を守る術を親から学ぶことは、カラスにとって必須なのです。

鳥の巣は「家」ではない

ところで、鳥の巣を私たち人間が住まう家と同じ概念で捉えている方が結構います。つまり、巣から飛び立って一日を過ごし、私たちが家に帰るように巣に帰ると捉えられているのです。

鳥や動物に関心が高ければそのように考えないとは思いますが、「カラスって夜は巣に帰って寝るんですよね？」とよく確認を求められます。もちろんそんなことはなく、カラスは巣立ちが終わると、親子ともども巣には戻りません。巣はそのまま放置します。家族は基本的になわばりの中で過ごすのですが、家族そろって営巣した木に戻り、巣の中で夜を過ごすようなことはありません。なわばりの中にある樹木に家族そろって身を寄せているものと考えられます。そのなわばりの中の行動は秋に向かうと垣根を超えて広がり、他の家族や家族をもたない若ガラスなどと一緒に大きな群れをつくります。当然、巣もなわばりも利用しなくなる季節に入ります。

9 集団生活の時間

以前まで、カラスの集団が夜を過ごすねぐらは、大きな公園の樹木などと思われていました。しかし、なぜか秋から冬にかけて、様々な地方都市でカラスが多数、駅近くの街路樹や商店街の電線に集まり、景観や衛生面、騒音などから市民生活に問題を起こしてニュースになっています。カラス類の習性として、秋から翌年の二月くらいにかけて大きな集団をつくり、夜を過ごします。それまで家族単位、あるいは家族をもたない若ガラスなど、地域的小集団として生活をしていたカラスたちが特定の場所に集まりはじめるのです。それを冬ねぐらと呼びます。小さな数十羽の集団から中規模の数千羽、大規模では一万羽にもなることもあります。二〇一八年二月には、佐賀の市街地に一万一千羽ほどのミヤマガラスが集まったこともあります。

それまでは分散していたため、あまり気にならなかったカラスが、夕方になると空一面に飛び交い集合してくるのですから、その地域の人にとっては脅威にもなります。最近では、市街地の電線に無数のカラスが数珠つなぎに止まる様子が多く見られています。電線の下は糞がライン状に積もってしまいます。

カラスが群れる本当の意味

カラスが群れる本当の理由はわかりません。ねぐら形成の意義は諸説あります。ここではそのいくつかを紹介します。

まず利点として、集団を大きくすることで眼が多くなり、自分という一個体を守れるという安全性・リスク管理の意味があるかもしれません。敵を見つけるにも餌を見つけるにも、多くの眼があれば発見の確率が高くなります。百羽の群れであれば二百個の眼で周囲を観察できます。いずれかのカラスが敵を発見し、警戒音を出すことで逃走態勢に入れば、群れの中の他のカラスもそれに気づいてすぐに対応ができます。イワシなどの小魚の大群と類似する考え方です。ただ、今やほとんど天敵のないカラスがどうして、という疑問も残ります。

一方、繁殖シーズンは二月から始まります。多くの個体がその前に出会い、可能な限りよりよい遺伝子を残すという大きな自然の摂理によって集合しているという考えも成り立ちます。このねぐらには満二年を迎え、春には繁殖可能な年齢の若ガラスも参入します。集団の中で相手を探すのですから、選択の幅が広がります。そのようなカラスには相手に出会うよい機会です。

しかし、すでに性成熟を迎え子供をもうけたペアも群れに加わることを考えると、出会いの場だけではないようです。それぞれの生活圏で餌が不足しても、群れの他のカラスがよい条件の場所を知っていれば、その情報が手に入る可能性があります。完全なリーダーがいて統制がとれた集団ではなく、「見えないリーダー」がそのつど目的によって先に動き出し、周囲はそれに導かれるような集団に思えますので、ついて行けばその先に餌がある、危険回避できるという図式なのかもしれません。

また、最近多く見られる市街地での大きなねぐらの形成にも、いくつか理由が考えられています。周辺の分譲開発などが進んで緑地がなくなってきたこと、ねぐらだった公園の木々が枯れて伐採されたことなどです。さらには、大型の建造物があるため、郊外よりは風雨に曝されることが少なく、体温保持に都合がよいことを学習した点も考えられます。少なくとも、電線に止まる場合は体温保持に関係している可能性があります。実は、電線は抵抗熱が出る発熱体であり、外気より温度がいくぶん高いといわれています。つまり、カラスは暖を取るために電線に止まって夜を過ごすことを学んだとも考えられます。

カラスに限ったことではありませんが、鳥類の足の裏にはホイヤーグロッサー器官と呼ばれる熱調節の微細構造がたくさんあります。また、足は鳥において数少ない皮膚が露出している部位です。そのため、周囲より温かい場所に留まり、熱を奪われる率を下げることも理にかなっていますが、電線に止まる本当の理由はわかりません。

ミヤマガラスの飛来

さらに特筆すべきこととして、冬の集団生活の時間に大陸から多くの仲間がやってきて賑やかになります。最近、佐賀県や熊本県では、十月ごろからミヤマガラスが越冬のため大陸から日本にやってきて、市街地の電線や樹木をねぐらにすることによる糞害などが問題になっています。繁殖地である大陸には三月に帰るのですが、それまで日本のカラス類の密度が高くなります。また、ある調べによると、若いミヤマガラスは四月まで日本に滞在するようです。

ミヤマガラスの飛来について経時的に調査しているNPO法人バードリサーチの高木憲太郎氏の研究によれば、一九七〇年代には九州にしか飛来しなかったミヤマガラスが、一九八〇年代は九州に加え日本海側の各県、一九九〇年代はさらに北海道や太平洋側の一部、二〇〇〇年代では全国で確認されていて、その数も増えているようです。なお、北の方で見られるミヤマガラスの日本への飛来ルートは、西日本とは異なり、ロシアから北海道、青森県に渡っていることもわかっています。

なぜ日本への飛来数が多くなっているかはわかりませんが、繁殖地である中国・ロシアでは水銀系の有害な農薬が使われなくなり、環境がよくなって繁殖率が上がっているのではとも考えられています。また日本もそうですが、この五十年間で農業の生産形態が大きく変化しました。植え付けも生産もすべて大型機械で管理して、一気に広大な面積を耕します。その際、餌となる小動物が土壌中から掘り出されます。子育ての時期には貴重な餌資源になります。一方、収穫もコンバインで一気に刈り込みますが、米、麦などの種子が飛散する量も多いようです。中国では農業の機械化が進んでおり、例えば農業機械数は二〇〇四年の十万台から二〇〇九年では三百四十三万台に増え、五年で三十倍になっています。ミヤマガラスにとっては、農業生産活動からもたらされる豊富な餌があり、繁殖も盛んになりそうです。そんなことも、日本への飛来数が多くなった原因かと考えられます。

10 独身の気ままな時間

これまでは、営巣や育雛など性成熟に達したカラスの生活を中心に解説してきました。では、性成熟に達していない若ガラスはどんな時間を送っているのでしょうか。実は特別なことはなく、普段見られるカラスの行動と変わらないと考えるのが適当です。営巣するわけでもなく、子育てをするわけでもありません。一般論ですが、秋ごろ親離れした若ガラスは独立して、兄弟あるいは同じような境遇のカラスと少数のグループをつくり、採餌、水浴び、日光浴、羽繕いなどをして一日を送っていると考えられます。

ハシボソガラスの例ですが、私が観察していた若い兄弟は秋ごろになっても親ガラスと行動をともにすることがありました。一方で兄弟の三羽だけで追いかけっこのような飛び方で遊ぶ姿や、それぞれが田んぼ一枚隔てた距離のあぜ道で採餌する光景を目にしました。一羽が少し離れた民家の屋根に飛ぶと、他の二羽はその屋敷林に飛びます。雑木林、小川、耕作地がそろっている環境の豊かな農村地帯では、次の繁殖期の直前まで五羽の親子で行動しているのではと思うような経験もあります。ほぼ毎日、同じ場所を一時間ほど散歩しながら観察していますので、ラインセンサス[注5]に近い観察眼になります。

また三月に入ると、これまで述べたように、繁殖を迎えるカラスはそれぞれペアでなわばりや子育ての準備に入ります。二年未満のカラスはというと、規模こそ定かではないのですが烏合の衆的な柔軟な群れをつくり、冬ねぐらから離れます。この時期、カップルの行動も目撃できますが、冬の間見なかった十〜三十羽の群れが、電線や畑で行動をともにしている光景も目にします。彼らは次の秋までつかず離れずの行動をしながら、秋になると冬ねぐらで多くのカラスとともに過ごすといわれています。

11 変わった食事の時間

自然界の道路安全管理者

普段の餌場での採餌以外に、好物に突然出会うことがあります。それは、車に轢かれた野生動物の死体です。カラス、特にハシブトガラスはスカベンジャー（腐肉食動物）といわれていますが、腐肉食動物というよりは死肉食動物というイメージを強く受けます。筆者は、ハシブトガラスが死肉に群がる状況を幾度となく目撃しています。しかし、その現場で死体の状態を確かめると、腐敗の進行が遅いものばかりです。つまり、腐敗臭がまだ出ていないものが多いように思います。一方、海岸に打ち上げられた鯛を見たことがあります、だいぶ腐っていて色はもはやピンクではありません。遠巻きに、カラスがこないかなと期待して待っていたら、ハシブトガラスがやってきました。しかし、一、二度突くものの、魅力を感じないようで飛び去ってしまいました。そんなこともあり、巷間でいわれているほどスカベンジャーではないと考えています。

図8—20．動物の死体に群がるハシブトガラス

最近、外来種をはじめ野生動物の人の生活圏への侵入による農作物への食害が問題になっていますが、それに伴って夜間に車に轢かれる事故も頻発しています。実は、その死体をハシブトガラスが片付けているケースが多いのです。これまで筆者は、車の轍の犠牲となったハクビシン、アライグマ、タヌキ、犬、猫といった様々な動物の死体をついばんでいるカラスを目

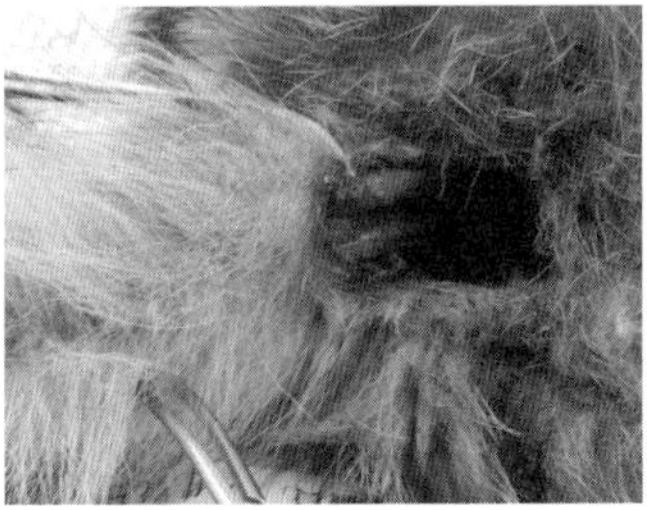

図8—21. 動物の肛門に空いた大きな穴

図8—22. 眼球を食べられたタヌキ

撃し、写真に収めています（図8—20）。

その際、カラスたちはいったん近くの高いところに避難して、得体の知れない登場者を警戒します。そこに筆者がカラスにとっては邪魔者として現れるわけですが、死体を観察して骨折の程度が軽そうなものは、骨標本づくり用としてカラスから横取りし、大学に運びます。そうでないものは放置して死体から遠ざかると、カラスたちが舞い降りて死体に群がります。ただ注意力も持ち合わせていて、車が近づくと一斉に飛び散ります。一生懸命、道路の端に死体を引きずっている様子も確認できました。まさに道路の死体を片付けているかのようにも見えます。死体をそのまま放置すると、それを避けようとしたドライバーが急ハンドルを切って次の交通事故につながりかねません。そうした視点で見ると、カラスは自然界の道路安全管理者や掃除屋さんにも思えます。

ところで、車の往来がある危険な状況の食事です。手際よく食べなければなりません。よく見ると、カラスは嘴を使って動物の肛門から腸を反転させる形で引き出します。腸は柔らかい臓器ですから、ついばんで引き出せます。とっかかりができて食いちぎってしまえば、腹腔への直接アプローチ、つまりお尻からどんどん内臓を引き出せる間隙ができます(図8―21)。あるいは眼球もよく狙います。カラスが食べた死体の多くは眼球が残っていません(図8―22)。どうやらカラスは毛皮と丈夫な皮膚で覆われた体幹部を突き破るより、肛門や眼を狙う方が効率的だと知っているようです。

カラスが遭難者の救助に貢献?

ハシブトガラスの習性を知っていると、遭難者の人命救助に役立つようです。ある記事によると、山岳救助隊員は死肉に集まるカラスを目安にして遭難者の遺体を探したり、あるいは生存か否かの判断材料にする場合があるようです。それは二〇一〇年、単独登山中に秩父の山で遭難し、十三日目に発見された遭難者捜索の際の実話です。ある登山者が日帰り登山の下山時に滑落し、瀕死のけがを負いながらも十三日間、雨水と持参していた飴玉七個でしのぎつつ、意識もうろうとしながら救助を待っていたようです。遭難から日にちが経つにつれ、捜索隊からは諦めの声も上がったようですが、ベテラン捜索員が「死んでいるとカラスがたくさん集まるが、そんな動きはまだ見られない。遭難者は生きているはずだ」と言い、諦めムードを払拭して救出できたとのことです。さらに、遭難場所を絞り切れていなかったのですが、ある沢でカラスがたくさん鳴いていて、それによって場所も特定できたとのことです。一方でベテラン捜索員は「カラスがあれだけ鳴いているのなら生きてはいないだろう」とも思ったようです。実は、遭難者の大腿部の損傷部は腐敗が始まり、ウジ虫がついている状況だったことから、カラスがその腐ったにおいに反応したのかもしれないと振り返っています。死肉に集まるカラスを知っての判断です。

この一連のエピソードの中で気になるのは、カラスの死にゆく生命体への先見性です。ベテラン捜索者が言う「腐敗へのにおい」をカラスは察知するのでしょうか。地上と樹上ではかなりの距離があります。また、これまでの科学的な情報でカラスの嗅覚があまり効かないことを前提とすれば、嗅覚の力とするのは難しいことになります。やはり、死肉食動物として餌の状態を見極める冷酷な判断力、つまり状態とその結果を結ぶ思考が働くのではないかと思います。このような能力は、ワタリガラスでも知られています。ワタリガラスは大きな獲物を仕留めるホッキョクグマ、オオカミ、人間について回ります。彼らの狩りの後に餌が出ることを知っているからです。

死肉食動物としての行動を紹介してきましたが、それとは別に狩りを行うハシブトガラスもいます。対象はツバメのヒナ、スズメ、ハトなどです。筆者もスズメとハトのケースは何度か目撃していますし、解剖したカラスからも他の鳥の毛を確認しています。目撃した限りでは、待ち伏せではなく、攻撃して追い詰め、足で押さえ込んで突くという捕獲法です。たまにハトの羽毛が散乱していることがありますが、その多くはハシブトカラスに襲われた現場になります。私の観察では、すべてのハシブトガラスがそのような行為をとるとも思えません。というのも、同じ空間で共存しているケースの方が圧倒的に多いからです。

12 夜遊びの時間

カラスの行動範囲についてはこれまでの著書でもふれましたので、ここでは特殊な時間の行動について紹介します。カラスは鳥ですから、一般的に考えられているように夜は目が見えない動物と考えられています。しかし、行動観察を通して、夜もある程度目が見えているのではないかということがわかってきました。

筆者はこれまでたくさんのカラスにＧＰＳロガーを装着し、数日の行動を観察してきました。その結果、カラスは夜でも動いていることがわかったのです。調査環境は、半径四キロメートトル圏内に水田、ピーナッツ畑など耕作地が豊富、かつ肥育牛や養豚の畜舎が四カ所、さらに雑木林も随所にある資源豊富な場所です。関東の平野部の農村をイメージしていただければと思います。季節は五月です。のべ数十羽のカラスの一日の行動を、一時間ごとの居場所をプロットすることで解析しました。

そうしたところ、深夜でもおおよそ四割のカラスが畑や畜舎にいたのです。もちろん、畜舎の場合はそのまま建物の柱か何かに留まって一晩過ごすことも考えられますが、畑に降りて動かずに一晩過ごすことは考えにくい行動です。ただし六割のカラスは雑木林の木に留まっていることを示す結果でしたので、顕著に夜行性になっているわけではありません。しかし、夜間行動もありうる動物なわけです。

一方、他の研究で筆者らはカラスの網膜に四種のオプシンを確認するとともに、五百ナノメートル波長に感度が高いロドプシンの存在も認めています（第2章参照）。ロドプシンは明暗の光を感じるタンパクで、夜行性のフクロウの網膜視細胞はほとんどがロドプシンをもつ桿体細胞といわれています。ロドプシンが検出されたカラスの網膜には、色を感受する錐体細胞に加えて、桿体細胞が存在することを意味します。私たち人間でいえば、暗い中でもわずかな明かりが徐々に見えてくるように、暗順応[注6]をして夜間の行動を可能にしているのでしょう。五月といえども夜七時ごろには暗くなりますが、一部のカラスは活動をしているようです。解析結果を見ると、夜行動をして畑で時間を費やすのは全体の二割程度、畜舎に入っているカラスが二割程度でした。一日の時間の使い方にも柔軟性があり、適応力の高い生物であることがわかります。


〈注1〉ひこばえ…刈り取った稲の株から芽が出ていること。実を結んでいる場合もある。

〈注2〉性腺刺激ホルモン…下垂体から分泌され、オスでは精巣の発達を、メスでは卵巣や卵胞の発育を促す。

〈注3〉キリモミ降下…飛ぶというより、翼を閉じかけ体を回転させながら落下速度を上げる様子。

〈注4〉風切羽…翼の後ろ側に位置する丈夫な羽毛。翼を形成する骨格に直接付いて後縁を形づくり、飛翔のときに重要な働きをする羽で、三列になっている。広げたとき、最も外側に広がる羽を初列風切羽、中程の羽を次列風切羽、体に近い羽を三列風切羽と呼ぶ。初列風切羽は掌骨と第二指の指骨に、次列風切羽は尺骨にそれぞれ付いている。

〈注5〉ラインセンサス…あらかじめ決められたルートを歩き、目視や鳴き声によって野生生物の種類あるいは数を調査すること。

〈注6〉暗順応…暗い場所でも少し時間をかければ暗闇に慣れ、ある程度周りの様子が見えるようになること。

第9章

カラスの病気

1 寄生虫

カラスは生ごみを漁り、死肉を食する動物であることから、いろんな病原菌をもっているのではないかと考える人が多いかもしれません。人間の感覚からすればそう思えますが、当のカラスは意外にきれい好きで、衛生面にも気をつかう動物ですから、怖い病原体を保有していません。本書でも何度か紹介してきた水浴び、あるいは煙浴などは、どれも体表についている寄生虫を流す・燻《いぶ》す行為で、身ぎれいにしているわけです。巣の中も周りも排泄物などありません。住まい環境も衛生的であることがわかります。

とはいえ、自然の中で生活していますので、微生物をはじめとした様々な生き物との接点があります。やはり、調べておく必要があります。といっても、我が研究室の特技である解剖とはだいぶ異なる研究手法になりますから、何でも調べられるわけではありません。そこで、顕微鏡観察で勝負できる住血寄生虫の有無を調べることにしました。また、汚い鳥というイメージを払拭すべく、大腸菌についても茨城大学農学部名誉教授の足立吉數先生（故人）の協力のもと調べたのです。この章では、これまでの報告を含めながらカラスの感染症について紹介します。

目に見える寄生虫

私が最初に出会った寄生虫はハジラミです。カラスを解剖していると、カラスの体から私の腕に何やら米粒より小さな虫がモソモソと這い上がってきたのです。その正体がハジラミでした。カラスが水浴びをするのは、このような寄生虫を洗い落とすためとも考えられています。

また、血液に寄生する原虫は肉眼で確認できないのですが、カラスを解剖していると、たまに線虫と思われる寄生虫を腸で見かけることがあります（図９―１）。そのような寄生虫の報告には、次のようなものがあります。腸内寄生虫として、円葉目（*Cyclophyllidae*）の条虫（*Passerilepis* 属と *Raillietina* 属の二種）が皇居内で捕獲されたカラスから確認されています。さらに、大分県のハシブトガラスから *Raillietina* 属の *R.(Paroniella) japonica* と *R.(Paroniella) beppuensis* が確認されています。

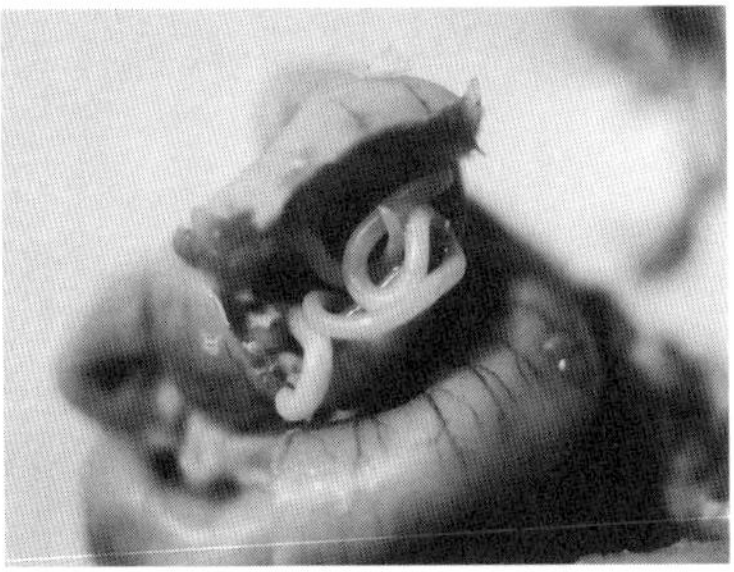

図９－１．カラスの腸で見られる線虫

目に見えない住血寄生虫（マラリア）

人の場合、マラリアは百カ国あまりで流行していて、世界保健機関（ＷＨＯ）の推計（二〇一八年）によると、年間に二億人以上の罹患者と四十万人以上の死亡者があるとされる恐ろしい病気です。これは、マラリア原虫という単細胞生物が血液に寄生することで起きる病気です。人に限らず、住血原虫の寄生は多くの動物に見られます。カラスがマラリア……と思う人がいるかもしれませんが、重篤な状態にならないまでも、かなりの数のカラスがマラリアにかかっています。媒介はヤブカ、アカイエカなどが考えられます。ところで住血原虫の種類は多く、それぞれに宿主特異性があり、鳥マラリアを引き起こす原虫は人間には感染しないので、心配は無用です。

私たちは二〇一〇年九月～翌年九月にかけて、成鳥のハシブトガラス二百六十八羽、幼鳥のハシブトガラス五十六羽の採血を行い、寄生状況について調べました。この作業もそれなりの苦労が絶えませんでした。まず罠で捕まえるのですが、解剖の仕事ではないので体重測定、採血、年齢査定を行った後はリリースします。しかし、トラップの餌に味をしめたカラスは、再びやってくる可能性が多分にありました。その際、再来者かどうかの判断が難しいのです。そこで、結束バンドやペイントで印をつけて調査個体の重複を避けたのです。この作業を毎週、

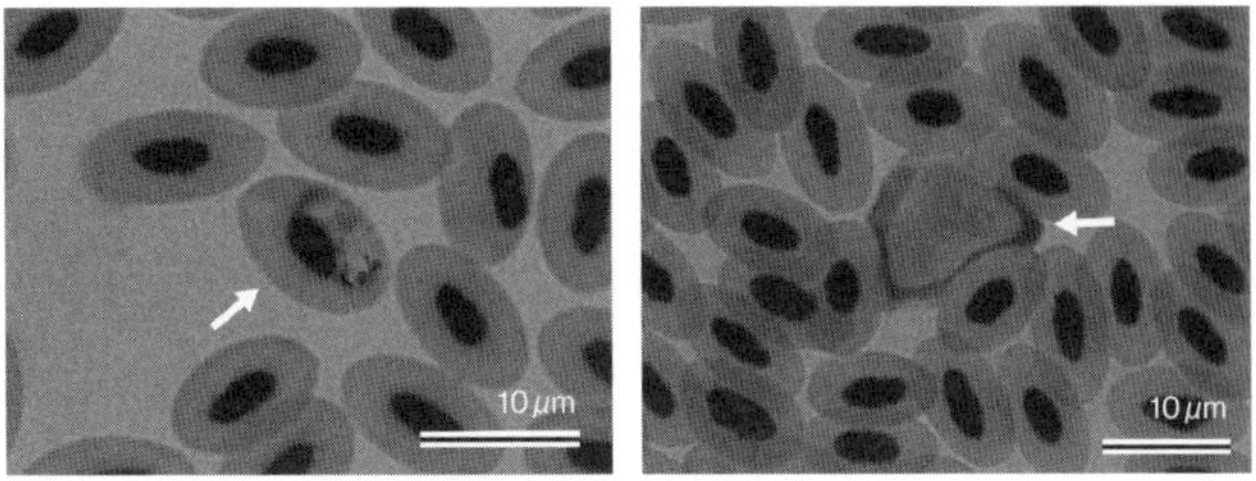

図9―2．カラスの血液塗抹標本
Haemoproteus 原虫（左矢印）と *Leucocytozoon* 原虫（右矢印）の感染が確認された。

一年間繰り返し、ハシブトガラスの血液を調べました。

さてその結果、年間の平均になりますが、成鳥では約六十四パーセントのハシブトガラスがマラリアにかかっていたのです。マラリアの原因になる原虫は幾種もありますが、今回の調査では二種類が同定されました（**図9―2**）。それぞれの寄生率は、ヘモプロテウス属（*Haemoproteus*）のみ寄生していたカラスが約五十四パーセント、ロイコチトゾーン属（*Leucocytozoon*）のみが約五パーセント、二種の混合寄生が約五パーセントでした。

季節変動を確認していくと、カラスの原虫の保有率は四～十月は比較的高い推移を示し、十一～三月は低くなっていました。蚊が媒介するのですから季節変動はあって当然ですが、観察時に目撃しやすいかどうかや、寄生虫の宿主での動態もかかわってきます。例えば、原虫が肝臓に隠れていれば、血液で確認できる数が少なくなります。感染血球で見ると、五月は観察した血球すべてが感染している血球感染率のピーク

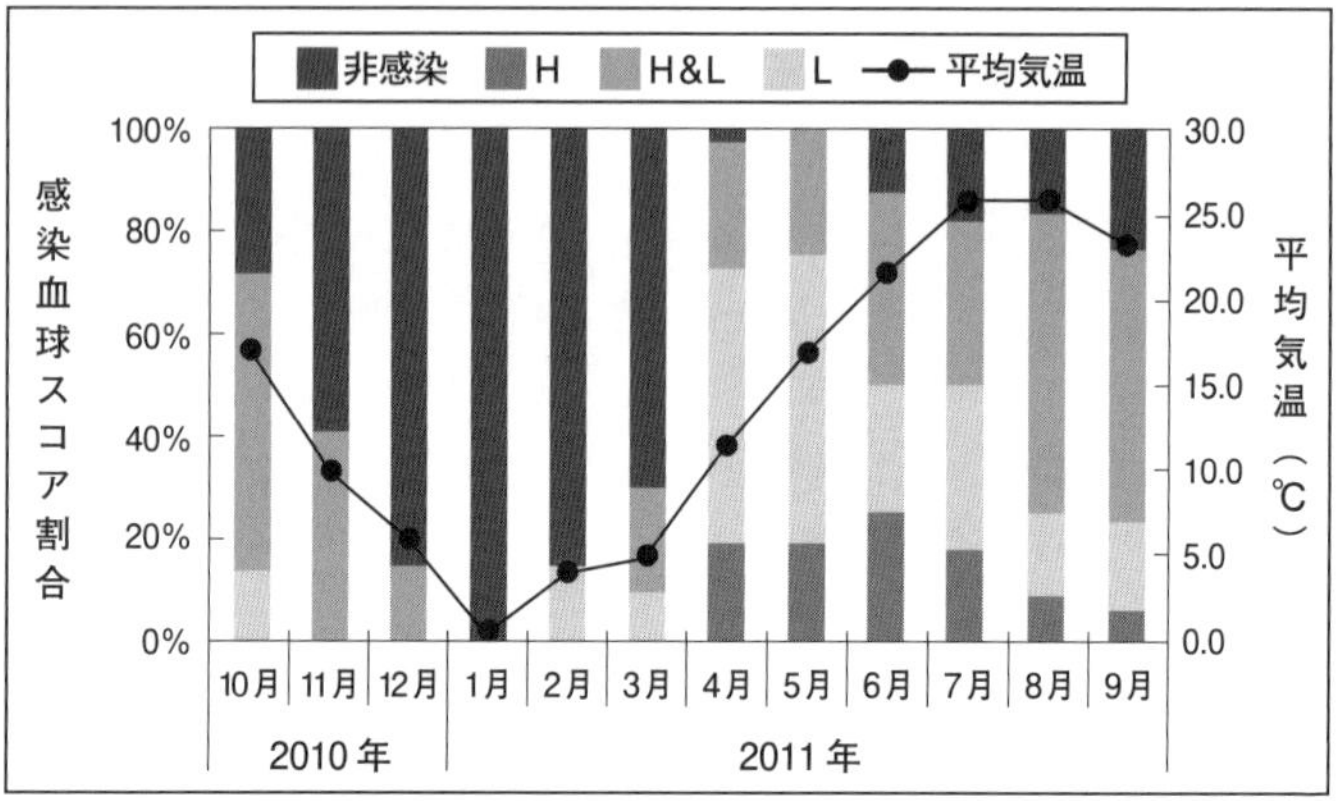

図9—3．各月の感染血球数スコア平均と平均気温

H：*Haemoproteus*、L：*Leucocytozoon*。
気温の上下と感染血球数の増減に有意な相関が認められた（回帰分析、$p<0.05$）。

を迎え、九月までは観察血球の七割が感染していました。しかし、十一月には感染率が四割になり一月にはゼロになります（**図9—3**）。このような劇的な変動は、やはりカラスの体の中における寄生虫の生活史が深くかかわっているように思います。その意味では、血液では見えないものの、多くのカラスは一生原虫と付き合っていることになります。

ところで、過去にもカラスにおけるマラリアの感染が報告されています。鳥取県で捕獲されたハシブトガラス千五百四十七羽、ハシボソガラス二百四十三羽という多数のカラスを用いて、血液内寄生虫を調べた報告があります。それによると、カラスの住血寄生虫は四種類確認され、それぞれの感染率はヘモプロテウス属が三十九・六、ロイコチトゾーン属が二十一・三、*Microfilaria* が二・七、トリパノソーマ属が十六・九パーセントとなっています。季節による寄生率の変動を見ると、ヘモプロテウス属では七月から漸次増加して十月の六十四パーセントが感染率のピークに、ロイコチトゾーン属では九〜十月の感染率が高く十月では八十六パーセント、トリパノソーマ属では五〜六月の感染率が高く、五月で四十六パーセントだったようです。*Microfilaria* は五月の九パーセントがピークとなっています。また、カラスの種による大きな相違はなかったとされています。鹿児島県下でも十七羽のカラスについて検査が行われていますが、ほぼ同様の寄生虫の感染が報告されています。

2 大腸菌などの細菌

大腸菌について調べようとしても、私の研究室ではそれに必要な菌の培養などの設備は皆無です。そのため、茨城大学の足立吉數先生との共同研究としてはじめました。カラスの総排泄孔に綿棒のようなものを浅く差し込んで抜き、それをシャーレの培地に塗布します。私が立ち会うのはそれだけです。おそらくその後、足立先生の研究室では菌を増殖させてタイプ分けするのでしょうが、その過程は省略します。

その結果、ハシブトガラス四十五羽の腸内細菌として、**表9―1**に示した十二種の菌が分離されました。その中で最も多く分離されたのは大腸菌で（**図9―4**）、四十五羽中三十三羽のカラスが保有していました。次いで保有率が高いのは *Micrococcus* spp. で十四羽のカラス

表9―1．ハシブトガラス45羽から分離された腸内細菌

大腸菌（*Escherichia coli*）	*Enterobacter agglomerans*
Proteus mirabilis	*Pseudomonas maltophilia*
Klebsiella pneumoniae	*Staphylococcus* spp.
Enterobacter aerogenes	*Staphylococcus xylosus*
Enterobacter cloacae	*Micrococcus* spp.
Klebsiella oxytoca	*Streptococcus* spp.

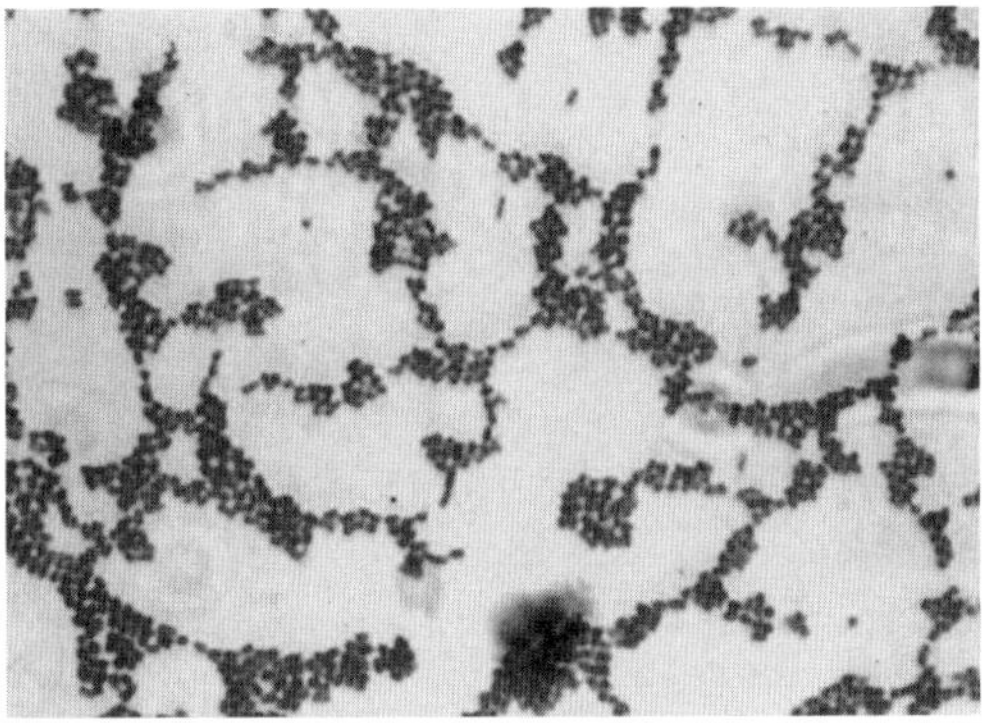

図9―4．カラスから分離された大腸菌
画像提供：茨城大学 足立吉數先生

から、保有率が低かったのは *Klebsiella oxytoca* と *Enterobacter aerogenes* および *Pseudomonas maltophilia* で、それぞれ一羽のカラスから分離されたようです。

また分離された大腸菌のうち、O8、O114、O144の血清型が多く確認されています。これらの菌がすべて高病原性ではないのですが、感染体の健康状態によっては病原性が強く出るものもあり、注意が必要です。ちなみに、O8、O114、O144は下痢と発熱、食中毒症状を引き起こすことがあるようです。ただ、O157のような高病原性ではないとされています。さらに、これらの大腸菌が原因の食中毒は、O157に比べ少ないようです。

その他の関連情報として、カラスがもつ菌についてこれまでの報告をいくつか紹介します。一九七六年に小樽市内で捕獲されたカラス二十羽のうち、二羽からコペンハーゲン型ネズミチフス菌（*Salmonella typhimurium* var. *Copenhagen*）が分離されています。この二羽は、ハシブトガラス、ハシボソガラスそれぞれ一羽でした。また、これらの菌の薬剤耐性（抗テトラサイクリン、ストレプトマイシン、カナマイシン）を調べたところ、同時期にハトから分離された菌には感受性があったのに対し、カラスからの分離株は耐性を示したとされています。さらに、一九九七年八月～翌年一月に神奈川県内の主要都市および東京都内で駆除の対象となったカラス二百五十九羽中、神奈川県のある都市で得られた七羽からベロ毒素産生性大腸菌が分離されています。これらの分離菌株の血清型はO153：H19が二株、O1：HUTが一株で、他の四株は型別不能とされています。その他の菌として、直接分離はされなかったもののクラミジア（*Chlamydia psittaci*）の間接抗体が、北海道で捕獲された八十二羽中十二羽（十五パーセント）で陽性を示したことが報告されています。このことは、カラスがクラミジアに感受性を示すことを示唆しています。

一方、食中毒の原因として知られるサルモネラ菌について、興味深い報告があります。二〇〇三〜二〇〇六年にかけて、東京湾周辺の野鳥の糞便と脚指からサルモネラ菌を分離した研究です。それによると、糞便ではドバト、カルガモ、ユリカモメ、脚指ではドバト、カワウ、ユリカモメという順に検出されています。ところが、ハシブトガラスとハシボソガラスからは糞便、脚指ともに検出されなかったのです。しかし、二〇一九年にカラスの糞百五十九検体について菌を分離した結果、*Campylobacter* 属菌（四検体）、*Yersinia* 属菌（十検体）、酵母様真菌（三十五検体）が分離されたという報告が出されました。すべての検体から分離されなかったのは救いですが、*Campylobacter* 属菌は人の食中毒の起因菌として流行し、我が国では細菌性食中毒発生件数第一位となっているようです。*Yersinia* 属菌もまた食中毒起因菌です。この調査は弘前市で行われたものですが、それらの菌が存在する可能性はどこにでもあることになるため、公衆衛生面において注意を払う必要があります。第8章で紹介したように、最近は市街地に大きなねぐら形成もみられます。現にカラスが止まる電線の下は糞で汚れています。電力会社、行政も含めた対策が景観のみならず衛生面からも求められます。

3 鳥インフルエンザウイルス

二〇〇四年、山口県、大分県、京都府と各地の養鶏場のニワトリが鳥インフルエンザウイルスに感染し、大きなニュースになりました。そして、京都府の現場の近くでカラスの死体からも鳥インフルエンザウイルス（H5N1亜型）が分離されたのです。そのときから、カラスが鳥インフルエンザウイルスの運び屋になっている可能性が高いと思われるようになりました。本来、海外から冬鳥として飛来する鳥が日本列島に持ち込むのですが、その後は在来のカラス、特にハシブトガラスもウイルス伝搬の連鎖に組み込まれる可能性はあります。

最近、環境省のまとめで次のような結果が報告されています。二〇一七年十月～翌年九月の一年間で、百三羽のハシブトガラスの死体を調べたところ、三十八羽から鳥インフルエンザ陽性が確認されました。一方、四十二羽のハシボソガラスも調べられているのですが、こちらはすべて陰性でした。この違いは、ハシブトガラスは感染死した野鳥を食べたことに起因したことが考えられます。

なお、この間の調査ではキンクロハジロ十五羽中三羽、ユリカモメ四羽中一羽、オオタカ四羽中一羽、コブハクチョウ十一羽中三羽というように、都合四十六羽の野鳥から陽性が確認されています。喜ばしいことに、二〇一八年十月～翌年九月までは調べられたハシボソガラス十二羽、ハシブトガラス三十一羽がすべて陰性となっています。さらには、全種の野鳥の死体でインフルエンザの陽性はありませんでした。

鳥インフルエンザは地域や年により流行に変動があります。鳥インフルエンザウイルスの流行はこれまでもメキシコ、イギリス、香港など各地で発生し、調査された多くの野鳥から同ウイルスの分離が報告されています。それらが分離された八十二種の野鳥の中にカラス類もリストアップされています。他の鳥については検体数、陽性の程度などが記載されているのですが、カラスについての詳細はないのです。ただ、一九七五年にアメリカ・アラバマ州でインフルエンザが発生した際、三十二羽のカラスのうち一羽から血清検査において鳥インフルエンザウイルス陽性を示しましたが、ウイルスは分離されなかったと報告されています。カモやアヒルなどの水鳥に比べて確認検体数ははるかに少ないものの、感染の可能性を示唆する報告があることは事実です。

ところで、二〇二〇年十一月ころから我が国で鳥インフルエンザが猛威をふるい、二〇二一年二月初旬時点において、全国六十四カ所の養鶏農場・施設で発生し、約七百二十八万羽が殺処分対象になっています。また、死んで見つかった多くの野鳥からも、インフルエンザ陽性が確認されています。感染野鳥は、前述の二〇一七～二〇一八年のころとおおよそ同じですが、加えてマガモ、オナガガモ、ナベズルなどが挙げられています。

4 その他のウイルス

ニューカッスル病ウイルス

カラスのニューカッスル病ウイルスへの感染例として、鹿児島県の報告が挙げられます。一九六七～一九六八年にかけて全国各地でニューカッスル病が流行した時期、鹿児島県でも発生が見られました。その際、ニューカッスル病特有の神経症状を示して死んだハシブトガラス一羽から、同ウイルスが分離されています。この報告によると、ウイルスは脳、気管、肺で確認されたものの肝臓、脾臓、腎臓、心血では分離されなかったようです。また、気管からの分離株を九十日齢のニワトリのヒナ五羽に接種したところ、すべてのヒナが敗血症で死亡したとされています。一例報告ですが、当時ニワトリに流行していたウイルス性疾患が野鳥、特にカラスに感染したケースとしては、鳥インフルエンザに類似する動向です。

カラスがニューカッスル病ウイルスに感染した可能性として、ハシブトガラスは死亡動物の肉を食べる習性があることから、罹患動物の死体を食べて感染したのではないかと考察されています。そして、カラスは飛翔し遠距離までウイルスを運ぶ可能性があるため、防疫上の注意を喚起している点が、鳥インフルエンザの場合と同じです。

西ナイルウイルス

一方、日本において感染は報告されていませんが、アメリカでは一九九九年に蚊が媒介する西ナイルウイルスが確認されました。同年の八～十一月にかけて、ニューヨークとニュージャージーでウイルス感染により死亡した二百九十五羽の野鳥のうち、二百六十二羽（八十九パーセント）がアメリカガラスであったと報告されています。二〇〇一～二〇〇二年にかけて感染はさらに拡大し、多くの野鳥が感染しました。

この西ナイルウイルスの株をアメリカガラスに接種したところ、七日以内にすべてのカラスが死に至りました。実験的にもこのウイルスへの感受性が高いことがわかり、動態モニターとしてアメリカガラスが注目されると報告されています。しかし、非感染カラスと感染カラスを接触がないように同室に置いただけでは感染が見られず、カラスからカラスへの感染経路としてグルーミングや糞の飛沫など、口腔からの侵入の可能性が高いことも示唆されています。このウイルスの人への感染は、カラスなどの野鳥から人というよりも、蚊に刺されることによる直接感染と考えられていますが、蚊に刺された野鳥による地理的拡散が警告されています。

おわりに

裸眼であれ、双眼鏡や顕微鏡越しであれ、見た者を感心させたり驚かせたりの百態をカラスはもっています。生物学者や科学者のみならず、芸術家の心をも虜にする力がカラスにはあるのです。例えば、動物描写の達人と言われ、近代京都画壇を代表する竹内栖鳳《せいほう》の「八咫烏《やたがらす》」は、収穫時期の稲穂を吊るすハセ木に止まるカラスたちの姿を描写しています。収穫後の落穂、あるいは乾燥中の稲穂を狙っているのか、八羽のカラスが生き生きと描かれています。このようにカラスとは誰もがなぜか気になる存在ですが、私なりの解釈では、その特有の黒さが醸し出す不思議な重厚さ、仲間とは集いながらも不統一な、つまり自主性を尊重するような行動が、多くの人を惹きつけているのだと考えています。

私にとってカラスは、研究の世界を広げてくれた存在です。専門の解剖学にとどまらず、行動学にまで幅を広げ、そして応用に至りました。大学内での研究ばかりではなく、企業や行政などと連携しながら、カラスがもたらす問題の解決に向けた社会的な研究が求められたのです。私のカラス研究のほとんどは宇都宮大学農学部で行ったものですが、応用科学である農学を生活の場に還元することにもつながりました。なかでも最もありがたいことは、カラス研究を志望する多くの学生が研究室に集まり、活気と一体感をもたらしてくれたことです。本書内ではイニシャルで登場していますが、たくさんの学生たちがカラスに好奇心と情熱を注いでくれました。試行錯誤を繰り返し、ともに奮闘してくれた彼らに感謝するばかりです。そのような意味でも、私が出会ったカラスは、導きの神鳥「八咫烏」としてやってきてくれたのかもしれません。

そして当然ながら、「クルミ割りガラス」など、フィールドでのカラス観察からも尽きることのない知的行動や社会的行動の発見が重ねられています。環境・生態系では、いまだ謎である群れのメカニズムなど、興味深い習性の宝庫です。さらには、先端脳科学や心理学の世界においても、カラスの登場が多くなりました。脳構造や複雑な論理思考の解明など、これからも私たちがいまだ知らないカラスの姿が様々な手法によって明らかにされていくでしょう。カラスに魅了された研究者たちが、次々と新たなページを開いていくはずです。

とは言いつつも、野生動物との共存は美しい言葉と想いだけでは難しく、自然の一部として必要に応じて厳しく向き合うべき心構えはやはり必要です。そのようなメッセージも本書には盛り込んだつもりです。

最後になりますが、川西諒氏、池田俊之氏をはじめ緑書房のみなさまには、出版の機会を与えていただいたばかりでなく、企画・構成から校閲までたいへんお世話になりました。厚くお礼を申しあげます。

二〇二一年春

杉田昭栄

- 国立感染症研究所（マラリアとは）https://www.niid.go.jp/niid/ja/kansennohanashi/519-malaria.html
- 小林秀樹（2010）野鳥の保有するサルモネラと病原性大腸菌．畜産技術 656：22-26.
- 坂本　司・河野猪三郎・安田宣紘（1981）カラス属の寄生虫に関する研究 Ⅰ．鹿児島地方におけるハシブトガラスの寄生虫相について．鹿大農学術報告 31：83-93.
- 橋口裕治・林　重美（1969）ハシブトガラス（*Corvus levaillantii japonensis bonaparte*）からのニューカッスル病ウイルスの分離．家畜衛生試研究報告 56：6-8.
- 林　隆敏・森田正道・大内瑞穂ほか（1998）カラスに寄生する血液内寄生虫に関する研究．鳥大農研報 51：131-136.
- 福山正文・古畑勝則・大仲賢二ほか（2003）ハトおよびカラスからの Vero 毒素産生性大腸菌（VTEC）の分離および血清型．感染症誌 77：5-9.
- 山根茂生（1999）カラスの他の野鳥への加害について．*Urban Birds* 16：50-55.
- 吉田千賀雄・工藤美里・吉岡　翔ほか（2019）カラスの糞における感染症原因菌の保有に関する研究．保健科学研究 9(2)：21-26.
- Alexander DJ（2000）A review of avian influenza in different bird species. *Vet Microbiol* 74(1-2)：3-13.
- Aruji Y, Tamura K, Sugita S, et al(2004) Intestinal Microflora in 45 Crows in Ueno Zoo and the in vitro Susceptibilities of 29 *Escherichia coli* Isolates to 14 Antimicrobial Agents. *J Vet Med Sci* 66(10)：1283-1286.
- Centers for Disease Control and Prevention (CDC)（1999）Outbreak of West Nile-like viral encephalitis-New York,1999. *MMWR Morb Mortal Wkly Rep* 48(38)：845-849.
- Guptill SC, Julian KG, Campbell GL, et al（2003）Early-season avian deaths from West Nile virus as warnings of human infection. *Emerg Infect Dis* 9(4):483-484.
- McLean RG, Ubico SR, Docherty DE, et al（2001）West Nile virus transmission and ecology in birds. *Ann N Y Acad Sci* 951：54-57.
- Sawada I, Kugi G（1976）Studies on the helminth fauna of Kyushu Part 3. Cestode parasites of wild birds from Oita frefecture. *Annotations Zool Jpn* 49(3)：189-196.
- Stallknecht DE（1998）Ecology and epidemiology of avian influenza viruses in wild bird populations. Proceedings of the 4th international Symposium on Avian Influenza. Animal Health Association：61-69.
- Stallknecht DE, Shane SM（1988）Host range of avian influenza virus in free-living birds. *Vet Res Commun* 12(2-3):125-141.
- VerCauteren KC, Pilon JL, Nash PB, et al（2012）Prion remains infectious after passage through digestive system of American crows (*Corvus brachyrhynchos*). *PLoS One* 7(10)：e45774.
- Yaremych SA, Warner RE, Van de Wyngaerde MT（2003）West Nile virus detection in American crows. *Emerg Infect* Dis 9(10)：1319-1321.

研究所.
- 総務省統計局（人口推計）：https://www.stat.go.jp/data/jinsui/2018np/index.html
- 高木憲太郎(2010) 日本におけるミヤマガラスの越冬分布の拡大. *Bird Res* 6：A13-A28.
- 高木憲太郎・時田賢一・平岡恵美子ほか（2014）八郎潟で越冬するミヤマガラスの渡り経路と繁殖地. 日本鳥学会誌 63(2)：317-322.
- 玉田克巳, 深松　登（1992）捕獲小屋で捕獲されたハシボソガラスとハシブトガラスの捕獲数と齢構成の季節変化. 日本鳥学会誌 40(2)：79-82.
- 東京都 (人口推計): https://www.toukei.metro.tokyo.lg.jp/jsuikei/js-index2.htm
- 中尾暢宏・小野ひろ子・吉村　崇（2008）春を告げる甲状腺刺激ホルモン. 比較内分泌学 34(129)：77-82.
- 中村純夫（2000）高槻市におけるカラス２種の営巣環境の比較. 日本鳥学会誌 49(1)：39-50.
- バーンド・ハインリッチ著、渡辺政隆訳（1995）ワタリガラスの謎. どうぶつ社.
- 樋口広芳・黒沢令子編著（2010）カラスの自然史—系統から遊び行動まで. 北海道大学出版会.
- 藤田紀之（2015）カラス類の生息環境特性および行動圏解析に基づく被害対策のための計画圏域の設定. 明治大学大学院農学研究科博士論文.
- マイケル・ブライト著、丸　武志訳（1997）鳥の生活. 平凡社.
- 松田道生（2000）カラス、なぜ襲う—都市に棲む野生. 河出書房新社.
- 松原　始（2013）カラスの教科書. 雷鳥社.
- 三上　修（2020）電柱鳥類学 スズメはどこに止まってる？ 岩波書店
- 宮崎　学（2009）カラスのお宅拝見！ 新樹社.
- 本川達雄（2000）ゾウの時間 ネズミの時間—サイズの生物学（48 版）. 中央公論新社.
- 山寺　亮・山寺恵美子（1990）鳥がさえずりはじめる時刻と日の出の時刻の関係について 1. ハシブトガラスの鳴きはじめる時刻. *Strix* 9：23-29.
- 吉原正人・鈴木　馨・梶　光一（2015）都心と郊外のトラップで捕獲されたハシブトガラスの月別捕獲数とその構成の比較. 日本家畜管理学会誌・応用動物行動学会誌 51(2)：73-80.
- レン・フィッシャー著、松浦俊輔訳（2012）群れはなぜ同じ方向を目指すのか？ 白揚社.
- Islam MN, Zhu XB, Aoyama M（2010）Histological and morphometric analyses of seasonal testicular variations in the Jungle Crow (*Corvus macrorhynchos*). *Anat Sci Int* 85(3)：121-129.

【第９章　カラスの病気】
- 愛知県衛生研究所（病原大腸菌）https://www.pref.aichi.jp/eiseiken/67f/eaggec.html
- 環境省（高病原性鳥インフルエンザに関する情報）https://www.env.go.jp/nature/dobutsu/bird_flu/
- 黒田長久（1970）東京のハシブトガラスの諸検測例 胃内容、腸内寄生虫所見. 山階鳥研報 6(1-2)：73-81.

●Bogale B, Kamata N, Katano M, et al（2011）Quantity discrimination in jungle crows, *Corvus macrorhynchos*. *Anim Behav* 82(4)：635-641.
●Bogale BA, Sugawara S, Sakano K, et al（2012）Long-term memory of color stimuli in the jungle crow (*Corvus macrorhynchos*). *Anim Cogn* 15(2):285-291.
●Clay Z, de Waal FB（2013）Development of socio-emotional competence in bonobos. *PNAS* 110(45)：18121-18126.
●Kabadayi C, Osvath M（2017）Ravens parallel great apes in flexible planning for tool-use and bartering. *Science* 357(6347)：202-204.
●Kondo N, Izawa E, Watanabe S（2012）Crows cross-modally recognize group members but not non-group members. *Proc Biol Sci* 279(1735)：1937-1942.
●Marzluff JM, Walls J, Cornell HN（2010）Lasting recognition of threatening people by wild American crows. *Anim Behav* 79(3)：699-707.
●Massen JM, Pašukonis A, Schmidt J（2014）Ravens notice dominance reversals among conspecifics within and outside their social group. *Nat Commun* 5：3679. doi:10.1038/ncomms4679.
●Ornithology. Nervous System: Brain & Senses（http://people.eku.edu/ritchisong/birdbrain.html）.
●Reine A, Perkel DJ, Bruce LL（2004）Revised nomenclature for avian telencephalon and some related brainstem nuclei. *J Comp Neurol* 473(3)：377-414.
●Rutz C, Klump BC, Komarczyk L, et al（2016）Discovery of species-wide tool use in the Hawaiian crow. *Nature* 537(7620):403-407.
●Scheid C, Bugnyar T（2008）Short-term observational spatial memory in Jackdaws (*Corvus monedula*) and Ravens (*Corvus corax*). *Anim Cogn* 11(4)：691-698.
●Smirnova A, Zorina Z, Obozova T, et al（2015）Crows spontaneously exhibit analogical reasoning. *Curr Biol* 25(2)：256-260.
●Tomonaga M, Matsuzawa T, Itakura S（1993）Teaching ordinals to a cardinal-trained chimpanzee. *Primate Res* 9(2)：67-77.
●Weir AAS, Chappell J, Kacelnik A（2002）Shaping of hooks in New Caledonian crows. *Science* 297(5583)：981.

【第8章　カラスの生活史】

●青山真人・祝　暁波・塚原 直樹ほか（2007）関東地方におけるハシブトガラス *Corvus macrorhynchos* の生殖腺の季節変動．日本鳥学会誌 56(2)：157-162.
●池上彰英・寳劔久俊編（2008）「中国農村改革と農業産業化政策による農業構造の変容」調査報告書．アジア経済研究所．
●環境省自然環境局（2001）自治体担当者のためのカラス対策マニュアル Ⅲ 資料編．環境省．
●後藤三千代（2017）カラスと人の巣づくり協定．築地書館．
●徐　小青（2013）中国の農業経営体制の新たな変化．農林金融 2：22-36. 農林中金総合

【第6章　カラスの聴覚・平衡感覚】

●上房啓祐・児玉　章・岡　良巳ほか（1988）ヒト正常鼓膜の厚さ．*Ear Res Jpn* 19：70-73.

●塚原直樹・小池雄一郎・青山真人ほか（2007）ハシボソガラス *Corvus corone* とハシブトガラス *C.macrorhynchos* の鳴き声と発声器官の相異．日本鳥学会誌 56(2)：163-169.

●戸井武司（2004）トコトンやさしい音の本．日刊工業新聞社．

●Sturkie PD（Ed）（1986）Avian Physiology 4th ed. Springer-Verlag.

【第7章　カラスの高次脳機能】

●伊澤栄一（2008）鳥類における大型脳について 比較神経解剖学は認知神経科学にどのように貢献するか．認知神経科学 10(3-4)：248-254.

●コリン・タッジ著、黒沢令子訳（2012）鳥 優美と神秘、鳥類の多様な形態と習性．シーエムシー出版．

●コンラート・ローレンツ著、日高敏隆訳（1998）ソロモンの指環―動物行動学入門．早川書房．

●ジョン・マーズラフ・トニー・エンジェル著、東郷えりか訳（2013）世界一賢い鳥、カラスの科学．河出書房新社．

●田中美千裕（2012）Clinical neuroanatomy of the gyrus and sulcus 脳回と脳溝の臨床解剖．Niche Neuro-Angiology Conference.

●バーバラ・J・キング（2013）死を悼む動物たち．日経サイエンス 43(10)：75-80.

●パメラ・S・ターナー著、杉田昭栄監訳、須部宗生訳（2018）道具を使うカラスの物語 生物界随一の頭脳をもつ鳥 カレドニアガラス．緑書房．

●樋口広芳・黒沢令子編著（2010）カラスの自然史―系統から遊び行動まで．北海道大学出版会．

●藤田和生（2017）比較認知科学．放送大学教育振興会．

●読売新聞（2020）あれから 山岳救助史の軌跡．2月23日紙面．

●渡辺　茂（1995）ピカソを見わけるハト―ヒトの認知、動物の認知．日本放送出版協会．

●渡辺　茂（2010）鳥脳力―小さな頭に秘められた驚異の能力．化学同人．

●渡辺　茂（2019）動物に「心」は必要か 擬人主義に立ち向かう．東京大学出版会．

●Albuquerque N, Guo K, Wilkinson A（2016）Dogs recognize dog and human emotions, *Biol Lett* 12：20150883.

●Balda RP, Kamil AC（1992）Long-term spatial memory in clark's nutcracker, *Nucifraga columbiana*. *Anim Behav* 44(4)：761-769.

●Bird CD, Emery NJ（2009）Rooks use stones to raise the water level to reach a floating worm. *Curr Biol* 19(16)：1410-1414.

●Biro D, Humle T, Koops K, et al（2010）Chimpanzee mothers at Bossou, Guinea carry the mummified remains of their dead infants. *Curr Biol* 20(8)：R351-R352.

●Bluff LA, Weir AS, Rutz C, et al（2007）Tool-related cognition in New Caledonian crows. *Comp Cogn Behav Rev* 2(1)：1-25.

●Rutz C, Klump BC, Komarczyk L, et al（2016）Discovery of species-wide tool use in the Hawaiian crow. *Nature* 537：403-407.
●Saito S, Tominaga M（2015）Functional diversity and evolutionary dynamics of thermoTRP channels. *Cell Calcium* 57(3)：214-221.
●Symonds MRE, Tattersall GJ（2010）Geographical variation in bill size across bird species provides evidence for Allen's rule. *Am Nat* 176(2)：188-197.
●Weir AA, Chappell J, Kacelnik A（2002）Shaping of hooks in New Caledonian crows. *Science* 297(5583)：981.

【第２章　カラスの視覚】
●石川　清（1980）視覚の機構（特集 色と化学）. 化学教育 28(1)：10-13.
●杉田昭栄（2007）鳥類の視覚受容機構 . バイオメカニズム学会誌 31(3)：143-149.
●塚原直樹・村田ひと美・小池雄一郎ほか（2012）ハシブトカラスにおける各種光波長に対する学習成立速度の検討 . *Animal Behav Manag* 48(1)：1-7.
●Maier EJ（1994）Ultraviolet vision in a passeriform bird: from receptor spectral sensitivity to overall spectral sensitivity in *Leiothrix lutea*. *Vision Res* 34(11)：1415-1418.
●Rahman ML, Sugita S, Aoyama M, et al（2006）Number, distribution and size of retinal ganglion cells in the jungle crow (*Corvus macrorhynchos*). *Anat Sci Int* 81(4)：253-259.
●Weller C, Lindstrom SH, De Grip WJ, et al（2009）The area centralis in the chicken retina contains efferent target amacrine cells. *Vis Neurosci* 26(2):249-254.

【第３章　カラスの味覚】
●川端二功・川端由子・西村正太郎ほか（2014）動物の味覚受容体 . ペット栄養学会誌 17(2)：96-101.
●刘　利・鎌田直樹・杉田昭栄（2012）ハシブトガラス *Corvus macrorhynchos* の舌表面に見られる微細構造 . 日本鳥学会誌 61(1)：77-83.
●Jordt SE, Julius D（2002）Molecular basis for species-specific sensitivity to "hot"chili peppers. *Cell* 108(3)：421-430.
●McLelland J（1979）Digestive system. *In*: King AS, McLelland J（Ed）Form and Function：69-79. Academic Press.
●Tewksbury JJ, Nabhan GP（2001）Seed dispersal. Directed deterrence by capsaicin in chilies. *Nature* 412(6845)：403-404.

【第５章　カラスの嗅覚】
●Yokosuka M, Hagiwara A, Saito TR, et al（2009）Histological Properties of the Nasal Cavity and Olfactory Bulb of the Japanese Jungle Crow Corvus *macrorhynchos*. *Chem Senses* 34(7)：581-593.

参考文献

【第1章　カラスの嘴】

- 井出千束（1993）皮膚の知覚終末．脳と神経 45(4)：301-314.
- 鎌田直樹・山田利菜・杉田昭栄（2011）ハシブトガラスとハシボソガラスにおける最大突刺力と最大引張力．日本鳥学会誌 60(2)：191-199.
- 鎌田直樹・遠藤沙綾香・杉田昭栄（2012）ハシブトガラスとハシボソガラスにおける顎筋質量と最大咬合力．日本鳥学会誌 61(1)：84-90.
- 下条　誠（2002）皮膚感覚の情報処理．計測と制御 41(10)：723-727.
- ジョナサン・ワイナー著、樋口広芳・黒沢令子訳（2009）フィンチの嘴―ガラパゴスで起きている種の変貌（2刷）．早川書房．
- 関谷伸一・鈴木　了・宮脇　誠ほか（2005）解剖実習後の人体標本を用いた末梢神経のSihler染色．解剖學雑誌 80(3)：67-72.
- ソーア・ハンソン著、黒沢令子訳（2013）羽―進化が生みだした自然の奇跡．白揚社．
- ティム・バークヘッド著、沼尻由起子訳（2013）鳥たちの驚異的な感覚世界．河出書房新社．
- 中村純夫（2018）謎のカラスを追う 頭骨とDNAが語るカラス10万年史．築地書館．
- 吉原正人（2017）都心に高密度で生育するハシブトガラス個体群の生態および身体的特徴に関する研究．東京農工大学連合農学研究科博士論文．
- Bright JA, Marugán-Lobón J, Cobb SN, et al（2016）The shapes of bird beaks are highly controlled by nondietary factors. *PNAS* 113(19)：5352-5357.
- Crole MR, Soley JT（2014）Comparative morphology, morphometry and distribution pattern of the trigeminal nerve branches supplying the bill tip in the ostrich (*Struthio camelus*) and emu (*Dromaius novaehollandiae*). *Acta Zoologica* 97(1) doi:10.1111/azo.12104.
- Friedman NR, Harmáčková L, Economo EP（2017）Smaller beaks for colder winters: Thermoregulation drives beak size evolution in Australasian songbirds. *Evolution* 71(8) 2120-2129.
- Glenn J Tattersall GJ, Andrade DV, Abe AS（2009）Heat exchange from the toucan bill reveals a controllable vascular thermal radiator. *Science* 325(5939):468-470.
- Gottschald KM, Lausmann S（1974）The peripheral morphological basis of tactile sensibility in the beak of geese. *Cell Tissue Res* 153：477-496.
- Halata Z, Grim M（1993）Sensory nerve endings in the beak skin of Japanese quail. *Anat embryol* 187：131-138.
- Hemert CV, Handel CM, Blake JE, et al（2012）Microanatomy of passerine hard-cornified tissues: beak and claw structure of the black-capped chickadee (*Poecile atricapillus*). *J Morphol* 273(2)：226-240.
- Matsui H, Hunt GR, Oberhofer K, et al（2016）Adaptive bill morphology for enhanced tool manipulation in New Caledonian crows. *Sci Rep*. 6(1)：22776. doi:10.1038/srep22776.

著者

杉田昭栄（すぎた しょうえい）

1952年岩手県生まれ。宇都宮大学農学部畜産学科卒業。千葉大学大学院医学研究科博士課程修了。宇都宮大学教授を経て、名誉教授。東都大学幕張ヒューマンケア学部理学療法学科教授、一般社団法人鳥獣管理技術協会理事長も務める。医学博士、農学博士で、専門は動物形態学、神経解剖学。実験用に飼育していたニワトリがハシブトガラスに襲われたことなどをきっかけにカラスの脳研究を始める。解剖学にとどまらず、動物行動学にもまたがる研究を行い、「カラス博士」と呼ばれている。著書に『カラス学のすすめ』『カラス博士と学生たちのどうぶつ研究奮闘記』『道具を使うカラスの物語　生物界随一の頭脳をもつ鳥 カレドニアガラス（監訳）』（いずれも緑書房）など。

もっとディープに！ カラス学

体と心の不思議にせまる

Midori Shobo Co.,Ltd

2021年6月1日　　第1刷発行

著　者……杉田昭栄
発行者……森田　猛
発行所……株式会社 緑書房

〒103-0004
東京都中央区東日本橋3丁目4番14号
TEL　03-6833-0560
https://www.midorishobo.co.jp

編　集……池田俊之、駒田英子
編集協力……川西　諒
デザイン……ACQUA
印刷所……図書印刷

ISBN 978-4-89531-593-7　Printed in Japan